Nicole Drawer

Todesart: nicht natürlich

Ungeklärte Todesfälle auf dem Seziertisch

Nicole Drawer

Todesart: nicht natürlich

Ungeklärte Todesfälle auf dem Seziertisch

MOEWIG

www.MOEWIG.de
Lektorat: Sonja Kerkhoffs
Originalausgabe

Umschlagfoto: Premium Stock Photography GmbH
Printed in Germany
ISBN 10: 3-8118-1908-9
ISBN 13: 978-8-8118-1908-5

Inhalt

Vorwort

Vor einiger Zeit sprach ich mit einem Bekannten über Mordfälle. Er meinte, dass es das perfekte Verbrechen eigentlich gar nicht mehr gebe. Ich stimmte ihm zu. Theoretisch nicht. Oder vielleicht doch?

Ein Verbrechen ist nicht dann perfekt, wenn der wahre Täter nie gefunden wird, sondern dann, wenn es überhaupt nicht nach einem Verbrechen aussieht.

Früher wurden viele Verbrechen gar nicht erst entdeckt. Andererseits wurden natürliche Todesursachen oft für Verbrechen gehalten – bisweilen reichten ein Motiv und eine Falschaussage zu rechten Zeit aus, um einen unschuldigen Menschen lebenslang ins Gefängnis oder gar an den Galgen zu bringen.

Beweismittel wie Fingerabdrücke kannte man zu diesen Zeiten noch nicht – und auch nachdem man sie entdeckt hatte, wurden sie lange Zeit vor Gericht nicht als Beweismittel anerkannt – und so war Justizirrtümern Tür und Tor geöffnet.

Im Verlauf des letzten Jahrhunderts haben die Kriminaltechnik und die Gerichtsmedizin unglaubliche Fortschritte gemacht. War es in grauer Vorzeit im besten Falle möglich, Tierblut von Menschenblut zu unterscheiden, so konnte man zu Beginn des vergangenen Jahrhunderts mit einem Mal Blutgruppen bestimmen, und mittlerweile können wir mittels DNA-Analysen sogar einen Täter unter tausenden Verdächtigen ausfindig machen.

Wenn man bedenkt, welche und wie viele Spuren jeder von uns täglich hinterlässt, dann liegt die Vermutung nahe, dass das perfekte Verbrechen tatsächlich ein Relikt aus der Vergangenheit ist: Die Zahnbürste reinigt nicht nur unsere Zähne, sie ist auch Spurenträger; an ihr haften Speichelreste und Mundschleimhautpartikel. Sie ist also für eine DNA-Analyse bestens geeignet, ebenso wie eine Haarbürste oder ein Kamm. Eine Kaffeetasse, ein Glas, ein ausgedrückter Zigarettenstummel – an all diesen Gegenständen lassen sich Speichelreste finden. Zudem hinterlassen wir Fasern unserer Kleidung auf allen Sitzgelegenheiten, ob im Sessel, im Auto, im Zug oder auf dem Teppich. Urin, Sperma, Vaginalsekret – all diese Körperflüssigkeiten erzählen, wo wir waren, und möglicherweise auch, was wir getan haben. Haare auf dem Kissen, Schuhspuren auf dem Teppich ... all das gibt Auskunft über uns. Ein Spurensucher kann diese Fährten lesen wie Einträge in einem Tagebuch.

Das müsste doch jeden potenziellen Verbrecher abhalten, denken Sie? Weit gefehlt! Das, was uns aus Krimis und wissenschaftlichen Sendungen und auch aus Büchern bekannt ist, ist Allgemeingut. Jeder hat schon von DNA gehört, und jeder weiß, dass ein Fingerabdruck individuell ist. Jeder. Also auch ein Straftäter.

Kaum ein Krimineller hinterlässt heute noch eine Fingerspur. Sexualstraftäter tragen Kondome und Bankräuber Mützen. Aber das ist längst noch nicht alles. Je weiter die Wissenschaft fortschreitet, desto raffinierter werden die Täter. Nicht nur, dass sie Spuren vermeiden, sie sind auch in der Lage, falsche Fährten zu legen. Was, wenn ein Haar von Person XY an einer Leiche gefunden wird, die die Person selbst noch nie gesehen hat, ja, die sich zur Tatzeit sogar nachweislich 200 Kilometer entfernt aufgehalten hat? Wie würde es interpretiert werden, wenn eine Faserspur Ihrer Kleidung in einer Wohnung gefunden wurde, in der ein Mensch gewaltsam zu Tode gekommen ist? Im ersten Fall kann es sich um eine falsche, vom Täter gelegte Spur handeln. Im zweiten Fall kann die Spur hingegen durchaus berechtigt, also echt sein. Sie kann bei einem Besuch hinterlassen worden sein, den Sie gemacht haben, bevor die Person zu Tode kam. Sie kann aber auch auf Ihre Täterschaft hindeuten.

Es ist eine Aufgabe der Wissenschaft und der Polizei, dies herauszufinden. Kriminaltechniker und Ermittler müssen Spuren und ihre Bedeutung finden und interpretieren. Für letzteres benötigen sie jedoch oftmals Hilfe. Und damit sind wir bei der Zeugenaussage.

Aussagen mögen nicht immer genau sein, mitunter sind sie sogar eine Mischung aus Fantasie und Realität, aber trotz allem sind sie unerlässlich. Sie können die Bedeutung gefundener Spuren untermauern. In der Regel achten wir nicht auf die Besuche, die unsere 80-jährige Nachbarin erhält, wenn die alte Dame aber eines Tages mit einer Kopfwunde tot in ihrer Wohnung aufgefunden wird, ist es wichtig, dass wir uns an sie erinnern: wann sie gekommen sind, wie sie aussahen, wann sie gegangen sind. Aussagen können einen Tatzeitrahmen festlegen oder auch Täterschaften ausschließen.

Waren Polizeibeamte vor hundert Jahren noch allein auf Aussagen und den gesunden Menschenverstand derer angewiesen, die sie machten, so können sie jetzt zusätzlich auf eine Vielzahl von Experten und Sachverständigen zurückgreifen, die allein anhand von Spuren in der Lage sind, gewisse Tathergänge oder Tatsachen zu rekonstruieren: Odontologen werden hinzugezogen, wenn es gilt, einen Menschen anhand eines Gebisses zu identifizieren. Anthropologen können anhand eines Skeletts eine Vielzahl von Aussagen treffen. Ärzte, Biologen, Chemiker, Insektenforscher, all diese Leute können Auskunft zur Todesursache oder zum Todeszeitpunkt einer Person treffen.

Aber auch wenn es gilt, sich der Psyche eines Täters zu nähern, ist die Wissenschaft gefragt: Psychiater und Psychologen sind heute, genauso wie Kriminologen, aus dem Alltag der Ermittlungsbehörden nicht mehr wegzudenken. Denn oft ist es wichtig herauszufinden, was im Kopf eines Täters vorgeht, um ihm auf die Schliche zu kommen. Aus zahlreichen Gesprächen weiß ich, dass viele Menschen psychologische Täterprofile zwar nicht ablehnen, eine psychische Störung, durch die ein Mensch zum Täter wird, jedoch nicht akzeptieren können. Wie oft aber stellt sich heraus, dass ein Täter auch einmal Opfer war? Dass er das, was er anderen Menschen zugefügt hat, einst am eigenen Leibe erfahren musste?

Verbrechen sind vielschichtig, und die heutigen Ermittlungsmethoden und -möglichkeiten lassen anscheinend keine Schlupflöcher mehr zu. Wie eng das Netz der Fahnder geworden ist, zeigen die nachfolgenden Fälle.

1. Kapitel

Der Tote vom Elbstrand

Als Margarethe Schreiner am Morgen des 3. Juni 2000 mit ihrem Labradormischling Sandy am Hamburger Elbstrand spazieren ging, machte sie eine grausige Entdeckung.

Die sonst so ruhige Sandy begann plötzlich laut zu bellen und verschwand in dem dichten Gebüsch, das die Wassergrenze vom Fußweg trennte. Frau Schreiner vermutete, dass ihr Hund einem Kaninchen hinterher jage, und rief ihn entschieden zurück. Sandy ließ sich jedoch nicht blicken und bellte unbeirrt weiter. Daraufhin entschloss sich Frau Schreiner, nach dem Rechten zu sehen.

Nachdem sie sich durch das Dickicht gekämpft hatte, sah sie ihren Hund im Wasser stehen. Er jaulte und bellte abwechselnd und schien auf etwas aufmerksam machen zu wollen. Frau Schreiner näherte sich vorsichtig, und dann konnte sie erkennen, was Sandy derart in Aufruhr versetzte. Sie würde diesen Anblick nie vergessen: Sie sah auf eine kopflose Leiche.

Kurz nach der Schutzpolizei traf Hauptkommissar Martin Panske von der Hamburger Mordkommission am Fundort ein. Obwohl er in seiner langjährigen Berufszeit schon einiges erlebt hatte, drehte sich ihm beim Anblick der Leiche im ersten

Moment der Magen um. Der nackte Körper besaß weder Kopf noch Hände, der rechte Unterschenkel war nur noch ein zerfetzter Stumpf. Allein am Geschlecht war zu erkennen, dass es sich bei dem Toten um einen Mann handelte. Fäulnisgase hatten den Körper aufgebläht, die Haut wirkte schrumpelig, der ganze Körper war übersäht von kleinen Wunden.

Aufgrund der Verletzungen vermutete Panske, dass die Leiche in eine Schiffsschraube geraten war. Dies deutete zudem darauf hin, dass es sich bei der derzeitigen Liegestelle lediglich um den Fundort der Leiche handelte. Wahrscheinlich war der Leichnam an einem anderen Teil der Elbe, weiter flussaufwärts, ins Wasser geraten und genau hier wieder angespült worden. Genaueres konnte jedoch erst die Obduktion der Leiche ergeben.

Diese nahm am nächsten Tag der Rechtsmediziner Dr. Manfred Schroth vor. Dr. Schroth schätzte das Alter des Toten aufgrund zahlreicher körperlicher Merkmale auf 40 bis 60 Jahre. Die vielen kleinen Verletzungen an seinem Körper stammten, wie er zu erklären wusste, von Tierfraß und waren postmortal, also nach dem Tod entstanden.

Wie lange die Leiche bereits im Wasser gelegen hatte, ermittelte Dr. Schroth anhand des Fäulnisfortschritts und des Hautbilds des Toten. Fäulniserscheinungen treten bei Wasserleichen langsamer auf als bei Leichen, die der Luft ausgesetzt sind. Die Fäulniserscheinungen, die bei einer Leiche, die an der Luft gelegen hat, nach einer Woche eintreten, finden sich bei einer Wasserleiche beispielsweise erst etwa 14 Tage später. Dr. Schroth ging aufgrund dessen davon aus, dass der Körper des Toten vor dem Auffinden mindestens sechs bis zehn Tage im Wasser gelegen hatte. Das Hautbild verlängerte diesen Zeitraum noch ein wenig. Bei Leichen, die längere Zeit im Wasser gelegen haben, bildet sich die so genannte Waschhaut. Die Waschhautbildung wird unter anderem durch die Strömung und vor allem auch durch die Wärme des Wassers beeinflusst, in dem die Leiche liegt. Die Haut kann dabei so stark aufweichen, dass sie sich, ebenso wie die Fingernägel, irgendwann mühelos abziehen lässt. Bei der Leiche des Unbekannten war die Waschhautbildung so weit fortgeschritten, dass Dr. Schroth in Bezugnahme auf den ermittelten Fäulnisfortschritt letztlich eine Wasserliegezeit von zehn bis zwölf Tagen vermutete.

Auf ein Verbrechen deuteten diese Ergebnisse allerdings noch nicht hin. Dass ein solches vorlag, wurde erst infolge anderer Entdeckungen deutlich.

Dr. Schroth hatte festgestellt, dass die Hände und der Kopf des Toten mit einem scharfen Werkzeug vom übrigen Körper abgetrennt worden waren. Eine Schiffsschraube, wie Panske es zunächst vermutet hatte, kam als Verursacher dieser tödlichen Verletzungen nicht in Frage, denn die Schnittspuren, die Dr. Schroth an der Halswirbelsäule sowie den Handgelenken des Toten entdeckte, waren glatt. Aufgrund der speziellen Ausprägung dieser Spuren vermutete Dr. Schroth, dass das Tatwerkzeug eine Axt gewesen war.

Darüber hinaus entdeckt Dr. Schroth um die Taille des Toten eine Fesselungsmarke. Den Eindrücken nach zu urteilen, die sie im Körper des Toten hinterlassen hatte, stammte sie von einem schweren Gegenstand, der um den Körper des Toten geschlungen worden war, damit dieser nicht an die Wasseroberfläche triebe.

Der Bericht des Rechtsmediziners ließ Panske vermuten, dass der Mörder die Identifizierung des Toten entweder hatte verzögern oder, wenn möglich, sogar ganz verhindern wollen. Und nicht nur das, er hatte auch sicherstellen wollen, dass der Tote gar nicht erst gefunden wurde.

Panske überprüfte daraufhin zunächst die Vermisstenmeldungen der vergangenen zwei Wochen. Der Rechtsmediziner hatte bei der Autopsie trotz der fehlenden Gliedmaßen einige Angaben zum körperlichen Erscheinungsbild des Toten machen können, die eine Suche in der Vermisstenkartei erlaubten.

Es lag jedoch keine Meldung über einen vermissten Mann vor, dessen Beschreibung zu dem Toten gepasst hätte.

Dem Kriminalbeamten blieb daher keine andere Wahl. Er wandte sich an die Presse und ließ eine Meldung über den Fund der unbekannten männlichen Leiche veröffentlichen, um auf diesem Weg Hinweise über den Toten zu erlangen.

Einige Tage lang passierte nichts. Dann jedoch meldete sich eine Frau namens Hannelore Gottschalk auf die Anzeige, die dem Ermittler allerdings eine zunächst recht harmlos anmutende Geschichte erzählte. Wie sie von ihrer in Tränen aufgelösten Schwägerin am Telefon erfahren hatte, hatte ihr Bruder, Erwin Götze, vor zwei Wochen seine Frau verlassen und sich seitdem bei keinem Verwandten oder Bekannten mehr gemeldet. Er schien wie vom Erdboden verschluckt zu sein.

Panske schien die Vermutung, der verschwundene Bruder sei der unbekannte Tote, zunächst etwas weit hergeholt. Dies teilte er Frau Gottschalk auch mit. Die jedoch äußerte daraufhin einen schwer wiegenden Verdacht. Sie glaube nicht an die Trennungsgeschichte, die ihre Schwägerin ihr aufgetischt habe, sondern vermute, dass ihr Bruder von seiner eigenen Gattin ermordet worden sei.

Panske hatte schon zu viel erlebt, um diesen Verdacht ungeprüft zu lassen, daher fragte er Frau Gottschalk nach dem Grund für ihren Verdacht. Sie erklärte ihm daraufhin, dass ihr Bruder sehr jähzornig sei und seine Frau sowie seine Tochter in der Vergangenheit öfter geschlagen habe. Nach dem Verlust seines Arbeitsplatzes habe er in den vergangenen zwei Jahren außerdem ein massives Alkoholproblem bekommen, das seine Wutausbrüche häufiger und auch heftiger habe werden lassen. Erst in den letzten Monaten schien sich die Situation im Hause Götze ein wenig beruhigt zu haben. Erwin habe einen neuen Job als Lagerist in einer Altonaer Maschinenfabrik gefunden und schien sein Leben seitdem wieder in den Griff zu bekommen. Daher hielt es Frau Gottschalk für unwahrscheinlich, dass er von einem Tag auf den anderen seine Frau verlassen und seinen neuen Job hingeworfen haben sollte.

Panske ging der Aussage von Hannelore Gottschalk auf den Grund und entdeckte dabei einiges, was ihre Angaben bestätigte. In den Polizeiakten fand er Einsatzprotokolle der Schutzpolizei, deren Inhalt ebenfalls darauf hindeutete, dass es im Hause Götze familiäre Probleme gab. Wiederholt hatte man Frau Götze mit erheblichen Verletzungen angetroffen, die ihr ganz offensichtlich ihr Mann zugefügt hatte. Bereits zweimal hatte Frau Götze Zuflucht in einem Frauenhaus gesucht, war aber nach kurzer Zeit immer wieder zu ihrem Mann zurückgekehrt. Der letzte Einsatz der Polizei lag vier Wochen zurück.

Aufgrund dieser Umstände entschloss sich Panske, Familie Götze aufzusuchen. Zwei Tage nach dem Gespräch mit Hannelore Gottschalk stattete er der Familie einen Besuch ab. Die Götzes wohnten in einer tristen Reihenhaussiedlung in Hamburg.

Als ihm die Türe geöffnet wurde, war Panske zunächst verblüfft. Den Akten der Schutzpolizei hatte er entnommen, dass Gabi Götze 42 Jahre alt war. Die Frau, die ihm nun gegenüber stand, wirkte jedoch mindestens zehn Jahre älter. Sie war mager und wirkte verhärmt. Um ihren Mund hatten sich tiefe Falten eingegraben. Zudem prangte eine auffällige Narbe an ihrer linken Wange, die, wie Panske wusste, von einer Messerattacke ihres Mannes stammte. Der Vorfall lag drei Jahre zurück.

Panske erklärte Frau Götze, dass er erfahren habe, dass ihr Mann verschwunden sei, und fragte, warum sie keine Vermisstenanzeige erstattet habe. Frau Götze machte keinen Hehl aus ihren Gefühlen. Sie erwiderte, dass sie ihren Mann nicht vermisse, sondern vielmehr froh sei, ihn los zu sein. Sie habe nie die Kraft gehabt, sich von ihrem Mann zu lösen, und sei daher mittlerweile erleichtert, dass er nach einer seiner üblichen Zechtouren nicht mehr nach Hause zurückgekehrt sei. Einen Abschiedsbrief habe er nicht hinterlassen. Es sei aber auch nicht seine Art gewesen, irgendetwas zu erklären. Frau Götzes Meinung nach war ihr Mann mit einer anderen Frau durchgebrannt. Immerhin habe er sie in den vergangenen Jahren nicht nur regelmäßig geschlagen, sondern auch mit anderen Frauen betrogen.

Panske erzählte Frau Götze von dem Fund des unbekannten Toten am Elbufer. Da er, wie er ebenfalls zugab, vermutete, dass es sich bei ihm um ihren Mann handelte, bat er sie um einen persönlichen Gegenstand ihres Mannes, der sich für eine DNA-Analyse eignete. Frau Götze händigte dem Beamten daraufhin einen Kamm und eine alte Zahnbürste ihres Mannes aus.

Ein paar Wochen später hielt Panske das Ergebnis der DNA-Analyse in Händen. Die aus dem Rückenmark des Toten entnommene Probe stimmte mit der DNA überein, die aus der Zahnbürste und den in dem Kamm verbliebenen Haaren hatte gewonnen werden können. Bei dem Toten handelte es sich demnach eindeutig um den 48-jährigen Erwin Götze.

Panske war sich sicher, dass er Götzes Mörder in der Familie des Toten zu suchen hatte. Er musste nur herausfinden, welches Familienmitglied die Tat begangen hatte und wie sie durchgeführt worden war.

Aus diesem Grund stattete er Gabi Götze einen weiteren Besuch ab und befragte sie zu dem Tag, an dem ihr Mann verschwunden war. Frau Götze gab an, ihren Mann am Abend des 2. Juni zuletzt gesehen zu haben. Es sei an diesem Abend wieder einmal zu einem Streit gekommen, in dessen Verlauf ihr Mann sie geschlagen habe. Er habe dann einen Koffer gepackt, das Haus verlassen und angekündigt, sich »eine richtige Frau« zu suchen. Seitdem habe sie nichts mehr von ihm gehört.

Panske betrachtete Frau Götze daraufhin genauer. Sie war nur etwa 1,60 Meter groß und, wie er vorher bereits bemerkt hatte, sehr zierlich. Zwar traute er ihr zu, sich gegen ihren Mann zur Wehr gesetzt und ihn dabei getötet zu haben, aber es erschien ihm unwahrscheinlich, dass sie anschließend noch soviel Kraft besessen haben sollte, den Leichnam zur Elbe zu schaffen, mit einem Gewicht zu beschweren und dann zu versenken. Sollte Gabi Götze ihren Mann tatsächlich getötet haben, hatte sie danach höchstwahrscheinlich Hilfe von einer dritten Person erhalten.

Panske fragte Frau Götze, ob ihre Tochter noch bei ihr im Haus wohne, woraufhin er erfuhr, dass die 17-jährige Manuela das Elternhaus zwar noch nicht offiziell verlassen habe, die meiste Zeit allerdings bei ihrem Freund Rolf Maibach verbringe, der eine eigene Wohnung besitze. Dort halte sie sich auch derzeit auf. Vom Tod des Vaters wisse sie noch nichts.

Bevor er sich Maibachs Anschrift geben ließ, fragte Panske Frau Götze noch, ob ihr Mann hin und wieder Holz gehackt habe und sich daher so etwas wie eine Axt im Hause befinde. Frau Götze schüttelte daraufhin energisch den Kopf. Nein, ein solches Werkzeug habe ihr Mann nie besessen.

Eine Stunde später saß Hauptkommissar Panske im Wohnzimmer des 20-jährigen Rolf Maibach und sprach mit Manuela Götze. Diese bestätigte weitgehend die Aussagen ihrer Mutter und ihrer Tante. Ihr Vater habe schon immer Alkoholprobleme gehabt und sie und ihre Mutter seit Jahren regelmäßig geschlagen. Vor etwa einem halben Jahr habe sie, Manuela, ihren Freund Rolf kennen gelernt und seitdem die meiste Zeit bei ihm verbracht. Vor ungefähr drei Monaten habe sie eine Ausbildung zur Bürokauffrau begonnen. Seit dieser Zeit habe sie sich immer mehr von ihren Eltern entfernt.

Am 2. Juni, erklärte Manuela auf die direkte Frage Panskes hin, habe sie zunächst gearbeitet. Anschließend sei sie zu Rolf gefahren, mit dem sie später noch im Kino gewesen sei.

Bislang hatte Manuela, wenngleich sie leicht nervös wirkte, Panskes Fragen klar und sachlich beantwortet. Als Panske wissen wollte, ob sie an dem Tag, als ihr Vater verschwunden war, in ihrem Elternhaus gewesen sei, reagierte sie jedoch unsicher.

Ihre Bewegungen wurden fahrig und sie tat, als könne sie sich nicht genau erinnern.

In diesem Moment kam Maibach ihr zur Hilfe. Man sei an diesem Tag nicht in dem Haus der Götzes gewesen, erklärte er. Daran könne er sich noch genau erinnern. Nach dem Abendessen sei er mit Manuela sofort in Kino gefahren. Für den Besuch habe er auch einen Beleg, sagte er nach einer kleinen Denkpause. Er holte sein Portemonnaie aus der Tasche und zog nach kurzem Stöbern zwei entwertete Kinokarten für eine Filmvorstellung am 2. Juni um 22 Uhr hervor.

Auch Maibach gab auf eine direkte Nachfrage Panskes hin an, nie eine Axt besessen zu haben.

Panske war sich trotz dieser Aussage sicher, dass Götzes Frau, seine Tochter oder auch Maibach den Mord an Erwin Götze verübt hatte. Möglicherweise hatten sie die Tat auch gemeinsam begangen.

Um weitere Hinweise zu erhalten, fragte Panske in der Nachbarschaft der Götzes nach, ob und wann Erwin Götze dort zuletzt gesehen worden sei. Zunächst verlief diese Befragung wenig erfolgreich. Erwin Götze, so erfuhr Pankse, hatte sich in der Nachbarschaft ziemlich rar gemacht. Die meisten Befragten hatten ihn schon seit Monaten nicht mehr gesehen. Einer der Nachbarn hatte jedoch eine andere, sehr interessante Beobachtung gemacht. Am 2. Juni gegen 19 Uhr, so erinnerte er sich, seien Manuela und ihr Freund Rolf zu den Götzes gekommen. Gegen 21.30 Uhr hätten sie das Haus wieder verlassen, seien jedoch um zirka 22.30 Uhr wieder zurückgekehrt. Wie lange sie danach noch im Haus geblieben waren, wusste der Nachbar nicht.

Manuela und Rolf hatten bei ihrer Aussage also gelogen. Panskes Verdacht verdichtete sich. Auf der Grundlage seiner gesammelten Erkenntnisse erwirkte er über die Staatsanwaltschaft Durchsuchungsbeschlüsse für das Haus der Götzes sowie für die Wohnung von Rolf Maibach. Er hoffte, auf diesem Weg die Mordwaffe zu finden und möglicherweise auch die immer noch vermissten Gliedmaßen des Toten, die trotz intensiver Suche in und an der Elbe bisher nicht gefunden worden waren.

Die Durchsuchung im Haus von Gabi Götze nahm Pankse selber vor, die Wohnung von Rolf Maibach wurde von einigen Kollegen überprüft.

In den Wohnräumen der Götzes fand Pankse zunächst keine verdächtigen Spuren. Dies änderte sich jedoch, als er den Keller in seine Suche einbezog. In der Tiefkühltruhe, unter Schweinebraten und schockgefrorenem Gemüse, lagen, gut in Plastik verpackt, Kopf und Hände von Erwin Götze. Panske nahm nach diesem Fund die völlig apathische Gabi Götze vorläufig unter Mordverdacht fest.

Auch Manuela Götze und Rolf Maibach wurden festgenommen. Denn im Gemeinschaftskeller des Mietshauses, in dem Maibach wohnte, fanden die Ermittler eine Axt mit deutlichen Blutrückständen.

Bei den nachfolgenden Verhören versuchte keiner der Beschuldigten, die Tat zu leugnen.

Rolf Maibach war sehr mitteilsam und schilderte den Tathergang folgendermaßen: Kurz nachdem er Manuela kennen gelernt hatte, habe auch er von den Gewalttätigkeiten erfahren, die im Elternhaus seiner Freundin offenbar gang und gäbe waren. Er sei sprachlos gewesen und habe nicht verstehen können, wie es soweit habe kommen können. Natürlich habe er seiner Freundin Schutz gewähren wollen. Daher habe er Manuela seit dem Beginn ihrer Partnerschaft immer öfter bei ihm übernachten lassen, bis sie schließlich fast vollständig bei ihm eingezogen sei. Nachdem ihr Vater eine Zeit lang vor Wut getobt habe, habe er sich schließlich irgendwann beruhigt und seine gewalttätigen Attacken auf seine Frau beschränkt.

Am Abend des 2. Juni sei die Situation unter den Eheleuten aber offenbar eskaliert. Gabi Götze habe ihre Tochter angerufen und erzählt, dass ihr Mann gedroht habe, sie umzubringen. Sie habe sich, wie sie erklärt hatte, zwar im Schlafzimmer eingeschlossen, habe jedoch fürchterliche Angst gehabt und dringend Hilfe benötigt. Manuela und er, so erklärte Maibach, seien daher sofort zum Haus der Götzes gefahren. Auf ihr Klingeln habe niemand geöffnet, aber sie hätten schrille Schreie aus dem Inneren des Hauses gehört. Er selbst sei daraufhin um das Haus herumgelaufen und habe bei dem Versuch, ins Innere zu gelangen, entdeckt, dass die Terrassentür offen stand. Durch diese habe er das Wohnzimmer der Götzes betreten. Dort habe er dann mit Schrecken sehen müssen, wie die auf dem Boden liegende Mutter seiner Freundin von ihrem Mann brutal geschlagen und getreten wurde. Ohne lange nachzudenken habe er den erstbesten Gegenstand ergriffen; es war eine schwere Kristallvase gewesen. Er habe Frau Götze helfen wollen, und weil ihm nichts Besseres eingefallen sei, habe mit der Vase auf Erwin Götzes Schädel eingeschlagen. Götze sei daraufhin zusammengebrochen und habe sich nicht mehr gerührt. Mittlerweile, so Maibach weiter, habe Manuela das Haus ebenfalls durch die offene Terrassentür betreten. Die völlig in Panik geratene Gruppe habe daraufhin beraten, was zu tun sei. Manuela habe schließlich vorgeschlagen, den Vater aus dem Haus zu schaffen und seine Leiche mit Gewichten beschwert in der Elbe zu versenken. Frau Götze habe jedoch zu bedenken gegeben, dass der Vater leicht identifiziert werden könne, sobald seine Leiche entdeckt werde. Um die Identifizierung zu erschweren, habe sie daher vorgeschlagen, dem Toten Kopf und Hände abzuschlagen.

Er selbst sei es schließlich gewesen, sagte Maibach, der die Axt aus dem Schuppen geholt und den Leichnam verstümmelt habe. Dann sei er mit Manuela und zum Kino gefahren, um ein Alibi für sie beide zu beschaffen. Sie hätten zwei Kinokarten gekauft, das Kino aber kurz nach Beginn der Vorstellung wieder verlassen. Anschließend seien sie zum Haus der Götzes zurückgekehrt und hätten den Toten in Rolfs Auto gepackt. Den Kopf und die Hände habe Gabi Götze in der Zwischenzeit bereits in ihrer Tiefkühltruhe verstaut gehabt.

Manuela und er seien daraufhin zur Elbe gefahren, hätten eine auf dem Weg dorthin aufgefundene Gehwegplatte mit einem Seil um die Taille der Leiche gebunden und den Toten entkleidet in den Fluss geworfen. Die Axt, so Maibach, habe er mit nach Hause genommen, um sie in seinem Keller zu verstecken, denn man war übereingekommen, die belastenden Beweismittel zunächst aufzubewahren, um sie später, wenn die Tat lange genug zurückliege, unauffällig verschwinden zu lassen.

Der Richter folgte den Anträgen der Verteidigung und verurteilte die Beschuldigten wegen Totschlags zu geringen Freiheitsstrafen. Alle drei sind heute wieder auf freiem Fuß. Manuela und Rolf sind mittlerweile auch verheiratet.

2. Kapitel

Brandursache: geklärt

Brände

Brände entstehen in den wenigsten Fällen von selbst. Gut 70 Prozent werden durch menschliches Einwirken verursacht. Damit sind nicht nur die Fälle vorsätzlicher Brandstiftung gemeint, sondern gerade auch Brände, die durch fahrlässiges Verhalten entstehen.

Die Ermittlung von Brandursachen ist alles andere als einfach. Das Auge des unerfahrenen Betrachters entdeckt am Brandort erst einmal nur das vorherrschende Chaos. Vieles wurde zerstört, nicht zuletzt durch den Einsatz der Feuerwehrleute, deren erste Pflicht es ist, Feuer zu löschen und Menschenleben zu retten, statt darüber nachzudenken, ob sie bei ihrer Tätigkeit Spuren vernichten. Für den Brandermittler bleiben nach dem Löschen in der Regel aber dennoch genügend Hinweise übrig, mit denen er die Brandursache klären kann.

Interessant ist, dass ein Brandermittler, wann immer möglich, bereits während eines Brands beziehungsweise während dessen Bekämpfung mit seiner Arbeit beginnt. Es ist nämlich wichtig für ihn, das Feuer zu beobachten, um so

Rückschlüsse auf den Verlauf des Brands ziehen zu können. Durch die Beobachtung der Feuerbewegung kann er beurteilen, wo das Feuer ausgebrochen ist und über welche Räumlichkeiten es sich ausgebreitet hat. So kann er leicht feststellen, wo es besonders intensiv gebrannt hat und wo infolgedessen möglicherweise das Zentrum des Brands zu finden ist.
Auch die genaue Beobachtung der Rauchentwicklung ist für die Klärung der Brandursache entscheidend. So kann ein Brandermittler anhand von Farbe, Geruch und Form des Rauchs recht genau erkennen, welche Materialien verbrennen. Baumwollstoffe zum Beispiel entwickeln einen dunkelbraunen Rauch; wenn Magnesium verbrennt, entsteht weißer Rauch; der Rauch brennenden Benzins ist schwarz und steigt pilzförmig nach oben; bei Phosphorbränden entwickelt sich weißer Nebel und Rauch von verbranntem Stroh changiert zwischen weiß und gelb. Diese Liste ließe sich endlos fortsetzen.
Zur Klärung der Brandursache ist es besonders wichtig, den Brandherd ausfindig zu machen, also den Ort, an dem das Feuer ausgebrochen ist. Ein Laie wäre mit einer solchen Aufgabe sicher überfordert. Auch ein Brandermittler meistert sie nicht gerade mit links, aber sie ist für ihn auch nicht unlösbar. Ich selbst habe erlebt, wie ein Fachmann, mit dem ich in den Ruinen eines Hauses stand, das von einem Feuer völlig zerstört worden war, nach kurzer Zeit auf eine Wand deutete und sagte: »Dort ist das Feuer ausgebrochen.« Als ich den Mann erstaunt nach dem Grund für seine Schlussfolgerung fragte, erklärte er mir, dass ihn eine trichterförmige Rußablagerung an der betreffenden Stelle, die einem Laien vielleicht kaum aufgefallen wäre, auf den Brandherd aufmerksam gemacht hätte.

Wie es zu dieser Rußablagerung gekommen ist, versucht der Brandermittler nun auf der Grundlage zahlreicher wissenschaftlicher Analysen sowie der eigenen Erfahrung herauszufinden. Bei den vielen möglichen Brandursachen unterscheidet er grob zwischen drei Kategorien:

- Da wäre zunächst die *natürliche Brandursache*. Hierzu zählen der Blitzschlag, die Selbstentzündung, die durch starke Hitzeeinwirkung auf Chemikalien oder trockene Materialien wie Heu und Stroh verursacht werden kann, und das Einwirken von Tieren, wie der Schadnagerfraß an elektrischen Leitungen, der einen Kurzschluss bewirken kann.
- Sehr häufig entstehen Brände auch durch die *Einwirkung von Zündquellen auf brennbare Stoffe*. Hierzu zählen der unachtsame Umgang mit Feuerwerkskörpern, Zigarettenglut und Ähnlichem, aber auch Brandstiftung; das bewusste und unbewusste Herbeiführen von Explosionen; Funkenflug, etwa von Kerzen oder Schweißgeräten, und die falsche Handhabung von Elektroanlagen.
- Als letztes sind hier die *technischen Brandursachen* zu nennen. Diese sind in der Regel durch Geräte-, Isolations- oder Materialfehler bedingt. Aber auch bauliche Mängel, die einen Brand verursachen, wie defekte Schornstein- und Heizungsanlagen, fallen in diese Kategorie.

Wie man sehen kann, gibt es eine Vielzahl von Informationen, die ein Brandermittler sammeln und auswerten muss, bevor er die Ursache eines Brands klären kann.

Brand in der Unternehmervilla

Der 14. Dezember 2003 war ein wunderbar sonniger Wintertag. Daher gingen die Bewohner des Münchener Nobelvorortes Grünwald zunächst davon aus, dass der abendliche Himmel von der untergehenden Sonne beleuchtet wurde. Erst später entdeckten sie die wahre Ursache.

Als die Feuerwehr schließlich eintraf, konnte sie nur noch Schadensbegrenzung betreiben. Die Villa des Unternehmers Reinhard Kopp stand lichterloh in Flammen. Das gesamte Erdgeschoss war nach dem Löschen ausgebrannt und die erste Etage drohte einzustürzen.

Allem Anschein nach war das Feuer also im Erdgeschoss ausgebrochen. So wie es aussah, waren alle Möbel zusammengeschoben und das Haus anschließend angezündet worden.

Die Bewohner des Hauses, Reinhard Kopp und seine Frau Antje, waren zum Zeitpunkt des Brands nicht zu Hause gewesen. Der Aussage eines Nachbarn zufolge befanden sie sich auf dem Weg in die Karibik. Diese Reise hatte nach langer Zeit wieder einmal ein ausgedehnter Urlaub für das Ehepaar werden sollen.

Nach der ersten Begutachtung des Brandorts vermutete man, dass das Feuer im Zuge eines missglückten Einbruchs ausgelöst worden war. Genaueres sollte eine Befragung der Nachbarn ergeben, die die ermittelnde Oberkommissarin Heidelinde Schwartz in die Wege leitete.

Das Ergebnis war jedoch ernüchternd. Keiner der Nachbarn hatte etwas Auffälliges beobachtet. Das Einzige, was man wusste, war, dass die Kopps Urlaub machten und einen Hausmeisterservice, dem alle nötigen Schlüssel ausgehändigt worden waren, mit der Pflege und der Überwachung ihres Hauses beauftragt hatten.

Schwartz beauftragte daraufhin einige Kollegen damit, den Hausmeisterservice zu überprüfen. Doch auch diese Ermittlung förderte wenig Neues zutage. Bei der Firma handelte es sich um ein alt eingesessenes Münchner Unternehmen, das vor allem seiner Diskretion wegen geschätzt wurde und sich um zahlreiche Grünwälder Villen kümmerte, wenn die Bewohner abwesend waren. Der Geschäftsführer, Hans-Werner Müller, zeigte den Ermittlern den Vertrag, demzufolge die Tätigkeit seiner Firma für die Eheleute Kopp am 15. Dezember begonnen hatte. Reinhard Kopp hatte, wie es üblich war, für den Notfall seine Urlaubsanschrift hinterlassen. Dieser entnahmen die Beamten, dass sich die Kopps auf Antigua befanden.

Schwartz setzte sich mit der dortigen Polizei in Verbindung. Sie bat diese, die Eheleute Kopp zu verständigen und um deren Rückruf zu bitten.

Inzwischen verstärkte sich der Verdacht, dass der Brand im Hause Kopp infolge eines Einbruchs verursacht worden war. Alles deutete darauf hin, dass die Täter bestens Bescheid gewusst hatten. Sie hatten für ihre Tat den Zeitraum abgepasst, in dem das Haus weitgehend unbeaufsichtigt war. Das Feuer hatten sie höchstwahrscheinlich bewusst gelegt, um ihre Spuren zu verwischen. Dies ließ sich zumindest aus den Angaben des Brandermittlers schließen, demzufolge das Feuer an mehreren Stellen im Erdgeschoss gleichzeitig ausgebrochen war.

Gegen 23.30 Uhr erhielt Heidelinde Schwartz einen Anruf aus Antigua. Reinhard Kopp, dem die Beamten vor Ort scheinbar nur gesagt hatten, dass er sich umgehend bei der Polizei in München melden solle, klang besorgt. Schwartz brachte ihm die Nachricht vom Brand in seinem Hause daher so schonend wie möglich bei. Kopp erklärte daraufhin, dass er mit seiner Frau sofort nach Deutschland zurückkehren werde, und teilte Schwatz noch in derselben Nacht seine Ankunftszeit mit.

Schwartz beschloss, das Ehepaar persönlich vom Flughafen abzuholen, und fand sich am nächsten Tag, am 15. Dezember, gegen 17 Uhr am Franz-Josef-Strauß-Flughafen in München ein. Sie ließ die Kopps ausrufen und stand ihnen gegen 17.30 Uhr persönlich gegenüber. Übernächtigt, aber gefasst begrüßten sie die Kommissarin.

Diese schlug den Eheleuten vor, sich zuerst ein Hotel zu suchen. Die Kopps wollten sich jedoch zuerst am Tatort umsehen. Auf dem Weg dorthin erklärte Schwartz, was sie bisher von der Feuerwehr erfahren hatte: Mit allergrößter Wahrscheinlichkeit war der Brand in ihrem Haus durch Brandstiftung ausgelöst worden. Man hatte mindestens fünf Brandherde auf einer Grundfläche von 200 Quadratmetern entdeckt. Auf welche Weise das Feuer entfacht wurde, hatten die Ermittler bislang noch nicht klären können. Die Ermittlungen dauerten zur Stunde noch an und würden auch noch einige Zeit in Anspruch nehmen.

Schwartz wies die Kopps auch darauf hin, dass die Beamten zurzeit vermuteten, die Brandstiftung stehe mit einem Einbruch in Zusammenhang. Reinhard Kopp schien deswegen nicht allzu beunruhigt. Er erklärte, dass er zwar einen Safe im Haus gehabt habe, diesen jedoch am Tag vor seiner Abreise geleert und den Inhalt seiner Bank zur Aufbewahrung gegeben habe. Auch der Schmuck seiner Frau sei nicht im Haus gewesen.

Schwartz erschien diese Vorgehensweise merkwürdig. Warum schaffte jemand Wertsachen aus dem Haus, wenn er einen Safe besaß? Kopp war ein wenig verlegen, als sie ihn darauf ansprach. Er meinte, dass er sich auf diese Weise sicherer gefühlt habe.

Auch diese Antwort erschien Schwartz seltsam. Warum sollte Kopp sich unsicher fühlen? Die Oberkommissarin beschloss, mehr über Kopp in Erfahrung zu bringen, und befragte ihn zu seiner beruflichen Situation. Sie erfuhr daraufhin, dass er selbstständiger Unternehmensberater war; seine Geschäfte liefen laut eigener Aussage recht erfolgreich.

In Anbetracht dessen drängte sich Schwartz der Verdacht auf, dass einer von Kopps beruflichern Konkurrenten die Tat begangen haben könnte. Kopp wollte davon jedoch nichts wissen. In seinem Geschäft kämpfe man zwar mit harten Bandagen, erklärte er, zu solch mafiosen Mittel greife man aber nicht.

Bevor sie sich verabschiedeten, fragte Kopp, wann er mit einem abschließenden Bericht rechnen könne, denn er müsse seine Versicherung von dem Schadensfall in Kenntnis setzen.

Diese Frage verwunderte Schwartz erst recht. Der Mann hatte gerade erst erfahren, dass er sein Heim verloren hatte, und da dachte er schon an die Versicherung? Schwartz erschien diese Denkweise überraschend nüchtern. Sie erklärte Kopp, dass sich die Ermittlung noch ein wenig hinziehen könne, bot ihm aber an, einen vorläufigen Bericht an die Versicherung zu übermitteln.

Antje Kopp hatte sich an dem Gespräch bisher nicht beteiligt. Auch sie schien von dem Unglücksfall nicht übermäßig erschüttert zu sein.

Oberkommissarin Schwartz wurde stutzig. Sie verabschiedete sich von den Kopps und versprach ihnen, sich, wenn sie nähere Erkenntnisse habe, sofort mit ihnen Verbindung zu setzen.

Zwei Tage später – der Brand war ein großes Thema in allen regionalen Tageszeitungen gewesen – meldete sich ein Mann namens Karl-Heinz Steher bei Schwartz. Er gab an, geschäftsführender Gesellschafter einer Maschinenfabrik zu sein und in jüngster Vergangenheit Probleme mit Reinhard Kopp gehabt zu haben.

Kopp habe ihm als sein Unternehmensberater vor drei Jahren geraten, eine Kollektivversicherung für seine Mitarbeiter abzuschließen. Diese habe eine spezielle Krankenversicherung sowie eine zusätzliche Altersversorgung beinhaltet. Bei Abschluss des Vertrags sei eine hohe Prämie fällig gewesen, die Steher zunächst nur widerwillig gezahlt habe. Allerdings hätten ihn die guten Konditionen überzeugt, und die nachfolgenden Prämien seien vergleichsweise gering gewesen. Schied ein Mitarbeiter aus, konnte die Versicherung auf einen neuen Angestellten übertragen werden.

Steher hatte den formalen Teil Kopp überlassen und sich lediglich um die pünktliche Zahlung der Prämien gekümmert, die zunächst auf ein Firmenkonto von Kopp geleitet und von dort aus weiter transferiert worden waren. Steher hatte diese Vorgehensweise akzeptiert, weil Kopp ihm erklärt hatte, dass er auf diese Weise günstigere Konditionen für die Firma habe aushandeln können. Steher hatte sich, wie er selbst sagte, davon blenden lassen, dass die Versicherung bei einem namhaften deutschen Unternehmen abgeschlossen worden sei.

Im Laufe der vergangenen drei Jahre hatte Steher fast 250 000 D-Mark auf Kopps Konto überwiesen. Als seine Geschäfte schlechter liefen, hatte er Kopp gebeten zu prüfen, ob man die Versicherung eine Zeit lang ruhen lassen könne. Kopp hatte versprochen, sich darum zu kümmern. Es geschah jedoch nichts. Kopp habe ihn immer wieder vertröstet, erklärte Steher, bis er sich schließlich vor zwei Monaten selbst an die Versicherung gewandt habe. Dort habe er dann zu seiner Überraschung erfahren müssen, dass die betreffende Versicherung überhaupt keinen Vertrag mit ihm oder Kopp abgeschlossen hatte. Versicherungen wie jene, von der er gesprochen hatte, würden, wie man ihm versicherte, von dieser Gesellschaft gar nicht erst angeboten werden.

Steher hatte daraufhin einen Termin mit seinem Gesprächspartner vereinbart und diesem die von ihm unterzeichneten Verträge gezeigt. Dabei hatte sich herausgestellt, dass die Verträge und die Vordrucke gefälscht worden waren. Man hatte Steher geraten, sich an die Polizei zu wenden.

Steher war zunächst schockiert, dann wütend gewesen. Kopp hatte ihn betrogen! Er hatte die Prämien für die angebliche Versicherung in die eigene Tasche gesteckt!

Nachdem die erste Wut verfolgen war, hatte Steher beschlossen, Kopp noch eine Chance zu geben. Er wollte ihn bitten, das veruntreute Geld zurückzuzahlen, bevor er die Geschäftsbeziehungen abbrach. Stehers Entscheidung basierte auf der Annahme, dass er sein Geld nie wieder sehen würde, wenn er sich an Polizei wandte.

Kopp hatte zunächst alles abgestritten, als Steher jedoch mit der Polizei gedroht hatte, hatte er den Betrug zugegeben und versprochen, das Geld zurückzuzahlen. Da er sich, wie er erklärt hatte, jedoch in einer finanziellen Krise befand, hatten sie einen Rückzahlungszeitraum von drei Monaten verabredet. Einen Teil des Geldes hatte Steher anfänglich auch erhalten, daher war er zuversichtlich gewesen, auch den Rest zu bekommen.

Nachdem er von dem Brand gelesen hatte, war Steher jedoch sicher, dass Kopp einen Versicherungsbetrug plante und sich mit dem Geld, das er dadurch erhielt, absetzen wollte. Ferner ging er davon aus, dass er nicht der Einzige war, den Kopp betrogen hatte.

Er händigte Schwartz die gefälschten Verträge und weitere Beweismittel aus.

Schwartz wusste, dass ihr nun nicht mehr viel Zeit blieb. In dem Moment, in dem Kopp das Geld von seiner Versicherung erhielt, würde er sich mit seiner Frau in ein Land absetzen, in dem er für die deutsche Justiz nicht mehr greifbar wäre.

Schwartz setzte sich daher umgehend mit Kopps Versicherung in Verbindung und teilte dem zuständigen Sachbearbeiter ihren Verdacht mit. Ihr Einwand kam in letzter Minute. Der Sachbearbeiter hatte bereits vorgehabt, einen Abschlag an das Ehepaar Kopp zu zahlen, sagte nun aber zu, mit der Auszahlung bis zum Abschluss der Ermittlungen zu warten.

Schwartz war sich fast sicher, dass Kopp das Feuer in seinem Haus selbst gelegt hatte, sie konnte nur nicht erklären, wie ihm das gelungen sein sollte. Immerhin war er zur Tatzeit scheinbar tausende von Kilometern entfernt in der Karibik gewesen.

Schwartz bat die Fluggesellschaft, die Flugdaten und die Passagierliste der Abflugmaschine zu überprüfen, die die Eheleute benutzt hatten. Demzufolge waren Antje und Reinhard Kopp am 14. Dezember um 9 Uhr in München ins Flugzeug gestiegen und über London nach Antigua geflogen. Das Feuer war aber erst gegen 20 Uhr desselben Tages ausgebrochen. Demzufolge konnte Kopp nicht der Täter gewesen sein. Schwartz bezweifelte aber, dass er jemanden für die Tat angeheuert hatte. Einen Mitwisser konnte er sich in seiner Situation kaum leisten.

Noch einmal ließ Schwartz die Nachbarn befragen. Doch wieder brachte sie das nicht weiter. Niemand hatte nach der Abreise des Ehepaars jemanden beobachtet, der sich in der Nähe der Koppschen Villa herumgetrieben hätte. Allerdings lag das hauptsächlich daran, dass die meisten Häuser in Grünwald von uneinsehbaren parkähnlichen Gartenanlagen umgeben waren. Das Haus der Kopps lag zudem zurückgesetzt von der Straße und war von einer hohen Mauer umgeben.

Auch der private Sicherheitsdienst, der auf Kosten der Grünwälder regelmäßig durch den Vorort patrouillierte, hatte nichts Verdächtiges beobachten können.

Schließlich wandte sich Schwartz an den Brandermittler der Feuerwehr, Georg Bachmaier, und beging gemeinsam mit ihm den Brandort. Das Haus war abgesichert und konnte relativ gefahrlos betreten werden.

Bachmaier erklärte der Kriminalbeamtin, was er bisher herausgefunden hatte. Der Fußboden im Erdgeschoss bestand aus Holzdielen. Wenn Holzfußböden verbrennen, bildet sich auf ihnen ein Schachbrettmuster. Je weiter der Brandherd entfernt liegt, desto größer wird das Muster. Bachmaier zeigte Schwartz fünf Stellen, die dieses Muster aufwiesen. Sie waren kreisförmig angeordnet. Im Inneren dieses Kreises lag außergewöhnlich viel Schutt und Asche. Für Bachmaier war dies ein untrügliches Zeichen dafür, dass hier brennbares Material angehäuft worden war, offensichtlich die Holzmöbel aus dem ehemaligen Wohnzimmer. Allerdings hatte man bisher keine Hinweise auf einen Brandbeschleuniger finden können. Im Allgemeinen konnte Bachmaier als erfahrener Brandermittler sofort riechen, ob und, wenn ja, welche brennbare Flüssigkeit verwendet worden war, dieses Mal jedoch versagte seine Spürnase.

Um mit den Ermittlungen weiterzukommen, bat Bachmaier Schwartz, zusammen mit ihm die Holzdielen zu lockern. Bachmaier wollte sehen, in welchem Zustand sich der Boden darunter befand. Dabei stieß er auf eine Substanz, die sich zunächst nicht identifizieren ließ. Bachmaier nahm eine Probe und sicherte sie in einer der kleinen Plastiktüten, die er bei Brandortbegehungen immer bei sich trug. Dann verließen er und Schwartz das Haus.

Auf dem Weg nach draußen, entdeckte Bachmaier in der Nähe der Garage, die nicht von dem Feuer in Mitleidenschaft gezogen worden war, kleine weiße Krümel, die unmittelbar vor dem Garagentor lagen. Bisher hatte niemand auf diese Krümel geachtet, und auch Bachmaier erschienen sie zunächst uninteressant. Schwartz wollte der Sache jedoch auf den Grund gehen. Bachmaier und sie betraten die große Doppelgarage durch eine Seitentür, in der neben einem Porsche ein BMW-Geländewagen stand. Rund um dessen Ladefläche fanden sich ebenfalls die seltsamen kleinen Krümelchen. Das Fahrzeug war unverschlossen, und Schwartz öffnete den Kofferraum. Hier endlich klärte sich das Geheimnis der Krümel. Im Kofferraum befanden sich noch größere Teile der gleichen Substanz, und Bachmaier erkannte sofort, worum es sich handelte: Styropor. Er war sicher, dass er damit seinen Brandbeschleuniger gefunden hatte. Er erklärte Schwartz, dass Styropor einen fantastischen Brandbeschleuniger abgebe, weil er vollständig verbrenne und, wie dieser Fall es gezeigt habe, daher nach dem Brand kaum noch nachzuweisen sei.

Dass Kopp zumindest den Brandbeschleuniger selbst besorgt hatte, war nun fast sicher, immerhin war das Styropor in seinem eigenen Wagen gefunden worden. Inwieweit es dem Unternehmensberater jedoch gelungen sein sollte, sein Haus zu einer Zeit in Brand zu setzen, zu der er gar nicht zu Hause gewesen war, war immer noch ein Rätsel. Bachmaier vermutete, dass er mit einer Art Zeitzünder gearbeitet hatte. Wie dieser ausgesehen haben mochte, war ihm jedoch nicht klar.

Einige Stunden später war auch dieses Rätsel gelöst. Bachmaier hatte die unter den Holzdielen gefundene Substanz im Labor untersuchen lassen, wo man herausgefunden hatte, dass es sich um ein Gemisch aus einem Öl- und Pflanzenderivat handelte, genauer gesagt um eine Mischung aus Stearin und Paraffin. Mit anderen Worten: Die Laboranten hatten Kerzenwachs entdeckt.

Damit hatte Bachmaier seinen Zeitzünder gefunden. Er rief Oberkommissarin Schwartz an, teilte ihr sein Ergebniss mit und bat sie, den zeitlichen Ablauf im Hause Kopp am Brandtag noch einmal genau zu rekonstruieren.

Anhand der Daten, die sie von der Fluggesellschaft erhalten hatte, konnte Schwartz folgende Daten ermitteln: Die erste Reisemaschine der Kopps war am 14. Dezember planmäßig um 11 Uhr in München gestartet und um 13.10 Uhr in London gelandet. Dort hatten die Kopps 1 Stunde und 15 Minuten Aufenthalt gehabt. In dieser Zeit hatten sie in einem der Transiträume auf den Weiterflug gewartet. Um 14.25 Uhr war dann das Flugzeug Richtung Antigua gestartet, das um 23 Uhr am Zielort gelandet war.

Telefonisch erfragte Schwartz bei der Fluggesellschaft, wann genau das Ehepaar eingecheckt hatte. Sie erfuhr, dass dies gegen 9 Uhr gewesen war. Demzufolge hatten die Kopps gegen 8 Uhr ein Taxi bestellen müssen. Recherchen bei den ortsansässigen Taxizentralen ergaben, dass Reinhard und Antje Kopp tatsächlich um 8.06 Uhr von ihrer Grünwalder Villa von einem Taxi abgeholt wurden. Das Feuer war am selben Tag gegen 20 Uhr ausgebrochen.

Bachmaier konnte diese Daten hervorragend in seine Theorie integrieren. Nachdem er alles ausgearbeitet hatte, erklärte er Schwartz, wie es aller Wahrscheinlichkeit nach nach zu dem Brand gekommen war: Kopp hatte vermutlich fünf Kerzen im Kreis auf dem Fußboden im Erdgeschoß aufgestellt. Den Boden hatte er mit Styroporplatten ausgelegt und die brennbaren Möbel in die Mitte zwischen die Kerzen gerückt. Kurz bevor er und seine Frau das Haus verlassen hatten, hatte er alle Kerzen angezündet. Wenn man davon ausging, dass die Eheleute ihr Haus um 8 Uhr verlassen hatten und das Feuer gegen 20 Uhr ausgebrochen war, blieben genau 12 Stunden, in denen die Kerzen niedergebrannt waren und das Styropor entzündet hatten, welches wiederum als Brandbeschleuniger dafür gesorgt hatte, dass sich das Feuer schnell ausgebreitet hatte.

Bachmaier schätzte, dass die als Zeitzünder verwendeten Kerzen nicht größer als zehn Zenitmeter gewesen waren. Auch der Durchmesser hatte nicht allzu groß sein dürfen, da ansonsten die Gefahr bestanden hätte, dass die Flammen im flüssig gewordenen Wachs erstickt wären. Bachmaier schätzte den Kerzendurchmesser daher auf zirka vier Zentimeter.

Nachdem dies feststand, rief Schwartz noch einmal bei der Polizei in Antigua an und bat die Kollegen, die Reservierung der Kopps in dem von ihnen gebuchten Hotel zu überprüfen. Nach zwei Stunden lag das Ergebnis vor. Die Kopps hatten ihr Zimmer nur für eine Nacht gebucht. Sie hatten demnach nie vorgehabt, auf Antigua Urlaub zu machen, sondern sich mit ihrer Reise lediglich ein Alibi verschaffen wollen. Fast wären sie damit auch durchgekommen.

Am 19. Dezember wurden Reinhard und Antje Kopp wegen Verdacht auf Brandstiftung und Versicherungsbetruges verhaftet. Im Laufe der Vernehmungen stellte sich heraus, dass Kopp viele seiner Klienten betrogen hatte und ihm finanziell das

Wasser bis zum Hals stand. Er sah nur noch die Möglichkeit sich mit den bereits veruntreuten Geldern und der Versicherungssumme aus dem Brandschaden – immerhin mehrere Millionen D-Mark – und seiner Frau ins Ausland abzusetzen.

Die Tat schilderte Kopp exakt so, wie Bachmaier es vermutet hatte. Kopp hatte sogar die Quittung des Baumarkts aufbewahrt, bei dem er die Styroporplatten gekauft hatte, um sie eventuell beim Finanzamt geltend zu machen.

Der Haftbefehl gegen Antje Kopp wurde bald aufgehoben. Sie konnte den Staatsanwalt davon überzeugen, dass sie mit der Planung und Ausführung des Brands in ihrem Haus nichts zu tun gehabt hatte. Sie ließ sich von ihrem Mann scheiden und arbeitet heute als Sekretärin. Reinhard Kopp wurde zu einer mehrjährigen Haftstrafe verurteilt und ist mittlerweile auf Bewährung entlassen. Er bezieht heute Sozialhilfe.

3. Kapitel

Eine Frau verschwindet

Karsten und Carina Illgner waren noch vor der Geburt ihres ersten Kindes vor die Tore Hamburgs in den kleinen Ort Wedel gezogen. Unweit der Elbe hatten sie sich eine kleine Doppelhaushälfte gekauft. Seit etwa einem halben Jahr, seit ihre Tochter Viola zwei Jahre alt war, arbeitete Carina wieder als Sozialpädagogin. Karsten hatte Erziehungsurlaub genommen und kümmerte sich zu Hause um das Kind und den Haushalt.

Karsten hatte sich mit der Entscheidung seiner Frau, ins Berufsleben zurückzukehren, nicht wirklich anfreunden können, denn Carina arbeitete wieder – wie schon in den Jahren zuvor – im *Haus der Jugend*, das mehr als Therapiezentrum für kriminelle Jugendliche denn als tatsächlicher Jugendtreff fungierte.

Carina verteidigte ihre Arbeit, weil sie der Meinung war, dass es für straffällig gewordene Jugendliche, gerade wenn sie aus schwierigen Familien kämen, wichtig sei, einen Ort zu haben, wo sie auf Menschen trafen, zu denen sie Vertrauen fassen konnten. Nur so hatten sie ihrer Meinung nach noch eine Chance, gesellschaftlich integriert zu werden, anstatt vollständig in die Kriminalität abzurutschen und im Gefängnis zu landen.

Dieses Thema war zu einem ständigen Konfliktpunkt im Hause Illgner geworden, bis Karsten seiner Frau schließlich das Versprechen abringen konnte, zukünftig nur noch halbtags in einem Kindergarten zu arbeiten. Die Stadt Wedel hatte ihr einen entsprechenden Vertrag zugesagt, demzufolge sie ab dem 1. August 2002 an ihrer neuen Wirkungsstätte tätig werden sollte.

Karsten war erleichtert und konnte nun wieder ruhig etwas ruhiger schlafen. Er war sich sicher, dass die Zeit, in der er in ständiger Angst um seine Frau leben musste, nun vorbei war. Er hatte nämlich immer befürchtet, dass die kriminellen Jugendlichen, mit denen sie gearbeitet hatte, ihr eines Tages etwas zuleide tun würden.

Da seine innere Anspannung aufgrund der in Aussicht stehenden neuen Situation bereits nachgelassen hatte, machte sich Karsten am Abend des 2. Juni 2002 zunächst keine Gedanken, als seine Frau nicht wie üblich nach ihrem Spätdienst gegen 20.30 Uhr nach Hause kam. Er vermutete, dass sie sich noch mit ihren Kollegen zu ein oder zwei Gläsern Bier zusammengesetzt hatte. Zwar setzte Carina ihn im Allgemeinen telefonisch von einem solchen Vorhaben in Kenntnis, doch obschon sie das an diesem Tag nicht getan hatte, machte er sich, wie gesagt, zunächst keine Sorgen.

Erst als Carina gegen 23 Uhr noch immer nicht zu Hause war und auch nichts von sich hatte hören lassen, rief Karsten eine Kollegin seiner Frau an, von der er wusste, dass sie an diesem Tag gemeinsam mit Carina Dienst gehabt hatte. Von ihr erfuhr er, dass Carina an diesem Tag bereits vergleichsweise früh Feierabend gemacht hatte und demnach schon längst zu Hause sein müsste. Karsten rief daraufhin im *Haus der Jugend* an, wo jedoch niemand ans Telefon ging.

Mittlerweile ein wenig beunruhigt, bat Karsten eine Nachbarin auf die kleine Viola aufzupassen, und machte sich auf den Weg zum *Haus der Jugend*. Der Parkplatz der Einrichtung war leer, und von dem Wagen seiner Frau gab es keine Spur. Karsten versuchte daraufhin, Carina auf ihrem Handy zu erreichen, doch am anderen Ende der Funkleitung teilte ihm lediglich eine Tonbandstimme mit, dass der gewünschte Teilnehmer nicht zu erreichen sei.

Karsten war sich nun sicher, dass seiner Frau etwas zugestoßen war, daher machte sich auf den Weg zum Polizeirevier, um eine Vermisstenanzeige zu erstatten. Die dortigen Beamten mussten ihn jedoch enttäuschen. Sie hörten sich zwar an, was er zu sagen hatte, bedauerten jedoch, ihm nicht helfen zu können. Da seine Frau bereits volljährig sei, könne man über eine Vermisstenanzeige erst reden, wenn sie mehr als 24 Stunden verschwunden sei.

Die nächsten fünf Tage verbrachte Karsten in Unruhe. Zwar war die Polizei mittlerweile bereit gewesen, eine Vermisstenanzeige aufzunehmen, seine Sorge teilten die Beamten jedoch nicht. Der zuständige Sachbearbeiter der Todes- und Vermisstenstelle, Kriminalhauptkommissar Klaus-Dieter Behringer, deutete sogar vorsichtig an, dass Carina möglicherweise mit einem anderen Mann durchgebrannt sei. Behringer ging davon aus, dass er es mit einem typischen Fall familiärer Unstimmigkeiten zu tun hatte, der sich bald klären würde. Er versuchte, Karsten zu beruhigen, und versicherte ihm, dass seine Frau mit Sicherheit in ein paar Tagen wieder zu Hause auftauchen werde, und sei es nur, um ihre restlichen Sachen zu holen.

Für Karsten schien diese Aussicht im Vergleich zu all den Horrorszenarien, die ihm durch Kopf schwirrten, die tröstlichste zu sein, allerdings glaubte er, dass es anders kommen würde. Er war felsenfest davon überzeugt, dass seiner Frau etwas zugestoßen war. Und er sollte Recht behalten.

Sechs Tage nach dem Verschwinden von Carina Illgner, meldeten Spaziergänger bei der Polizei den Fund einer bis zur Unkenntlichkeit verbrannten Leiche in einem abgelegenen Waldstück zwischen Wedel und Hamburg. Die Spaziergänger, ein älteres Ehepaar, hatten die Leiche nur durch Zufall entdeckt, weil sie sich im Wald verlaufen hatten. Trotz ihres Schocks konnten sie die herbeigerufenen Beamten gut zum Fundort führen. Diesen bot sich dort ein Anblick, den selbst die Hartgesottenen unter ihnen nicht so schnell würden vergessen können. Der extrem verkohlte Leichnam war in der so genannten Boxerhaltung zusammengekauert. Diese entsteht, wenn sich die Muskeln des Körpers bei starker Hitzeentwicklung ruckartig zusammenziehen und versteifen. Daher findet man viele Brandleichen mit angewinkelten Knien und geballten Fäusten vor.

Der Fundort wurde weiträumig abgesperrt, und nachdem die sterblichen Überreste zur Rechtsmedizin abtransportiert worden waren, begann man mit der Spurensuche. Viel fand man allerdings nicht. Die einzigen brauchbaren Beweisstücke waren ein leerer handelsüblicher Benzinkanister, ein Zigarettenstummel sowie ein einzelnes Brillenglas. Die Fundorte all dieser Gegenstände wurden auf einem Lageplan festgehalten, der das abgesperrte Areal beschrieb; anschließend wurden die Fundstücke ins Polizeilabor nach Kiel geschafft.

Kurz darauf erfuhr Klaus-Dieter Behringer, der immer noch den Fall der vermissten Carina Illgner bearbeitete, von dem Leichenfund. Die Identität der Leiche hatte bis dahin nicht geklärt werden können. Die Leiche war, wie der Rechtsmediziner bei der Autopsie hatte ermitteln können, bei der Verbrennung nackt gewesen, und am Tatort hatte man weder Kleidungsstücke noch Ausweispapiere gefunden. Nur dass es sich um eine Frauenleiche handelte, hatte die Autopsie zweifelsfrei ergeben. Behringer beschlich angesichts dieser Tatsache das Gefühl, dass es sich bei der Leiche um Carina Illgner handeln könne. In seinem Revier gab es zwar selten Todesfälle dieser Art, aber möglich war in dieser Hinsicht leider alles.

Um die Identität der Leiche sicher zu klären, musste ein DNA-Vergleich vorgenommen werden. Einen solchen konnte er jedoch nur mit eine Vergleichsprobe von Carina Illgner in Auftrag geben. Behringer suchte daher Karsten Illgner auf und erzählte ihm von der im Wald aufgefundenen Leiche. Um ihn nicht unnötig zu beunruhigen, erklärte Behringer, dass er die Vergleichsprobe von Carina hauptsächlich deshalb benötige, weil er ausschließen wolle, dass es sich bei der unbekannten Leiche um die vermisste Ehefrau handele. Karsten übergab Behringer daraufhin die Haarbürste seiner Frau, die Karstens Angaben zufolge nur von dieser benutzt worden war.

Nach einem Schnelltest war rasch klar, dass es sich bei der unbekannten Leiche tatsächlich um Carina Illgner handelte. Behringer hatte nun die schwere Aufgabe, ihren Gatten von ihrem Tod zu unterrichten.

Der Mann brach bei der Nachricht völlig zusammen. Aus dem, was er sagte, schloss Behringer, dass Karsten wusste oder zumindest vermutete, wer für die Tat verantwortlich war. Karsten erzählte ihm, dass seine Frau als Sozialpädagogin mit kriminellen Jugendlichen gearbeitet habe und in der Vergangenheit, bevor die gemeinsame Tochter zur Welt gekommen war, auch schon bedroht worden sei. Karsten war sich daher ganz sicher, dass der Mörder unter den Jugendlichen zu suchen war.

Behringer hatte Karsten bei seinem Besuch nicht alles erzählt. Nach den Erkenntnissen des Rechtsmediziners war Carina Illgner nicht nur mit Benzin übergossen und angezündet worden – sie hatte zu diesem Zeitpunkt auch noch gelebt! Der Rechtsmediziner hatte in der Lunge Rußpartikel gefunden, und das Blut, das er der Leiche entnommen hatte, wies einen hohen Kohlenmonoxidgehalt auf. Beides sprach eindeutig dafür, dass Carina Illgner bei lebendigem Leib verbrannt war. Allerdings vermutete Behringer, dass sie zu dem Zeitpunkt bewusstlos gewesen war, wahrscheinlich war ihr Mörder, bevor er sie verbrannte, davon ausgegangen, dass sie bereits tot war.

Gemäß der Todeszeitrekonstruktion des Rechtsmediziners

war Carina Illgner noch an dem Abend getötet worden, an dem sie verschwunden war.

Ob es zwischen Carina und ihrem Mörder zu einem Kampf gekommen war, war kaum festzustellen. Äußerliche Wunden, die ihr vor dem Tod zugefügt worden waren, konnten zumindest nicht nachgewiesen werden. Im Gegenteil: Der Rechtsmediziner hatte festgestellt, dass Carina Illgner vor ihrem Tod keine offenen Wunden erlitten hatte. Sobald sich ein Lebender verletzt, wandern unverzüglich weiße Blutkörperchen zur Wunde und hinterlassen dort Blasen, die spezifische Eiweißspuren hinterlassen. Diese können mit speziellen Tests auch noch an einer Brandleiche nachgewiesen werden. Bei Carina Illgner waren solche Spuren jedoch nicht vorhanden. Sie war daher möglicherweise gewürgt worden, bevor man sie verbrannt hatte, aber das ließ sich nicht mehr feststellen.

Und es gab noch einen weiteren Punkt, den Behringer zunächst nicht klären konnte. Das Fahrzeug von Carina Illgner war nach wie vor verschwunden. Auch eine von ihm veranlasste Fahndung verlief negativ. Der blaue VW Polo war wie vom Erdboden verschluckt.

Behringer beschloss, seine Ermittlungen dort zu beginnen, wo die junge Frau zuletzt gesehen worden war, im *Haus der Jugend*.

Zunächst sprach der mit den Kollegen der Verstorbenen. Marianne Marxen hatte mit Carina Dienst gehabt, an dem Abend, an dem sie verschwunden war. Sie erklärte, dass das *Haus der Jugend* im Allgemeinen gegen 20 Uhr schließe. Carina sei am Tatabend allerdings schon früher gegangen. Marxen war sich nicht sicher, glaubte aber, sich erinnern zu können, dass Carina das Haus gegen 19.30 Uhr verlassen hatte. Sie war sehr müde gewesen und hatte sich auf einen Abend mit ihrem Mann gefreut.

Hier hakte Behringer nach. Konnte Marianne Marxen etwas über die Beziehung der Illgners sagen? Marxen zögerte zunächst, begann dann aber zu reden. Carina habe ihr erzählt, dass es in der Vergangenheit öfter Streitigkeiten zwischen den Eheleuten gegeben hatte. Karsten habe für eine begrenzte Zeit den Haushalt geführt, was ihm auch nichts ausgemacht habe; er sei jedoch mit der Art der Beschäftigung, der seine Frau nachgegangen war, nicht einverstanden gewesen. Carina habe letztlich nachgegeben und ihrem Mann versprochen, eine Stelle als Erzieherin in einem Kindergarten anzunehmen. Kurz vor ihrem Tod seien ihr jedoch zunehmend Zweifel an dieser Entscheidung gekommen. Sie sei sicher gewesen, dass ihr die Arbeit als Kindergärtnerin nicht zugesagt hätte, erklärte Marxen, und habe lieber mit Jugendlichen arbeiten wollen, die ihre Hilfe ihrer Meinung nach dringender benötigt hätten. In der Woche, in der sie verschwunden war, hatte sie noch einmal mit ihrem Mann über diese Bedenken sprechen wollen.

Die anderen Kollegen, mit denen Carina nur sporadisch zusammengearbeitet hatte, konnten die Angaben von Marianne Marxen kaum ergänzen, bestätigten allerdings im Großen und Ganzen, was sie gesagt hatte. Dass es im Hause Illgner wiederholt zu Streitigkeiten wegen Carinas Arbeitsplatz gekommen war, war scheinbar allgemein bekannt.

Behringer wusste, dass die meisten Morde Beziehungstaten sind, dass Opfer und Täter sich kennen und der Täter nicht selten im engsten Familien- oder Freundeskreis zu suchen ist. Trotzdem fiel es ihm schwer zu glauben, dass Karsten Illgner den gewaltsamen Mord an seiner Frau verübt haben sollte, wenngleich er diese Möglichkeit im Hinterkopf behielt.

Behringer beschloss, sich zunächst näher mit den Jugendlichen zu befassen, mit denen Carina gearbeitet hatte. Er wurde von Marianne Marxen auf zwei junge Männer hingewiesen, die einen besonders engen Kontakt zu ihr gehabt haben sollten: Tobias Hansen und Markus Nagelschmidt.

Tobias war 19 Jahre alt und ging seit einigen Monaten wieder zur Schule, um seinen Realschulabschluss nachzuholen. Bereits im Alter von 12 Jahren war er als Konsument weicher Drogen aufgefallen. Später hatte er einige Diebstähle und schließlich einen schweren Raub auf eine Zeitungshändlerin verübt. Der Jugendrichter hatte auf eine Haftstrafe verzichtet, unter der Bedingung, dass Tobias sich in eine therapeutische Einrichtung begab und versuchte, sein Leben in den Griff zu bekommen. Vor etwa drei Monaten hatte Tobias Carina Illgner kennen gelernt. Seitdem war es mit ihm bergauf gegangen.

Markus Nagelschmidt war bereits 21 Jahre alt. Trotzdem kam er immer noch regelmäßig in das *Haus der Jugend.* Auch ihm hatte Carina Illgner helfen können. Das ehemalige Heimkind war von einer Pflegefamilie zur nächsten gereicht worden, und dabei immer verstockter und aggressiver geworden. Im Alter von 16 Jahren war er schließlich in der Jugendvollzugsanstalt gelandet. Nach seiner Entlassung hatte sich Carina um ihn gekümmert; sie hatte ihm zunächst einen Platz in einer Jugendwohngruppe verschafft und schließlich mit ihm für den Hauptschulabschluss gelernt. Mittlerweile absolvierte er eine Lehre zum Hairstylisten, die scheinbar sehr erfolgreich verlief. Markus hatte Carina Illgner bereits vor vier Jahren kennen gelernt.

Sowohl Tobias als auch Markus sollen Carina geradezu verehrt haben. Marianne Marxen erzählte, dass die beiden ständig im *Haus der Jugend* waren und, wann immer möglich, ihre Hilfe anboten. Markus arbeitete sogar in einer Gruppe, die Carina ins Leben gerufen hatte; diese Gruppe vermittelte Berufspraktika an junge Leute zwischen 13 und 18 Jahren, die ihnen Zukunftsperspektiven aufzeigen sollten. Marxen äußerte den Verdacht, dass sich die jungen Männer bei ihrer Beziehung zu Carina vielleicht mehr gedacht hatten, als tatsächlich vorhanden war, und möglicherweise Hilfsbereitschaft mit Liebe verwechselt hatten.

Behringer war zwar skeptisch, was diese Vermutung anbelangte, unterhielt sich aber trotzdem mit Tobias und Markus. Die Befragung brachte jedoch keine Ergebnisse. Beide hatten für den Abend, an dem Carina ermordet worden war, ein wasserdichtes Alibi. Tobias hatte zusammen mit Klassenkameraden bis spät in die Nacht gelernt, und Markus hatte einem Freund bei der Renovierung seiner Wohnung geholfen. Zudem schienen die beiden jungen Männer von Carinas Tod ehrlich erschüttert zu sein. Sie versicherten, dass sie der Frau, die ihnen aus ihrer kriminellen Misere geholfen hatte, niemals etwas hätten antun können.

Für Behringer stellte sich der Fall mehr als schwierig dar. Es gab zu viele Möglichkeiten, die einfach unüberschaubar waren. Er ließ sich von Marianne Marxen eine Liste aller Angestellten der Jugendeinrichtung aushändigen und nahm sie mit zu seiner Dienststelle. Die Vernehmung der übrigen Jugendlichen überließ er Kollegen.

Bei der Durchsicht der Angestelltenliste fiel Behringer ein Name auf, den er bisher nicht gehört hatte: Robert Hecht. Laut einer Kurzinformation handelte es sich um einen 44-jährigen Mann, der seit zwei Jahren als Hausmeister im *Haus der Jugend* tätig war. Bisher hatte Behringer ihn nicht kennen gelernt, und so beschloss er, sich den Mann gleich am nächsten Morgen näher anzusehen.

Robert Hecht war ein unscheinbarer Mann. Behringer suchte ihn an seiner Arbeitstätte auf, wo er im Eingangsbereich ein kleines Büro hatte. Hecht war etwa 1,75 Meter groß, untersetzt und hatte offenbar ein Problem mit den Augen. Sie zwinkerten unablässig hinter seiner großen Brille, und während seines Gesprächs mit Behringer nahm Hecht die Brille des Öfteren ab, um seine Augen zu reiben. Zunächst glaubte Behringer an einen nervösen Tick, aber als er genauer hinschaute, sah er, dass Hechts Augen stark geschwollen waren.

Nichtsdestotrotz zeigten die fahrigen Bewegungen, dass Hecht sehr nervös war. Er gab sich sehr betroffen und betonte immer wieder, was für ein wertvoller Mensch Carina Illgner gewesen sei. Näher gekannt habe er sie nicht, wie er auf weitere

Nachfragen Behringers erklärte, jedoch sei sie hin und wieder an seinem kleinen Büro stehen geblieben, um ein paar Worte mit ihm zu wechseln.

Im Laufe des Gesprächs wurde Hecht immer ruhiger, erst als Behringer den Tatabend ansprach, machte sich erneut Unruhe bei ihm breit. Er fing an zu stottern und war nicht in der Lage zu sagen, wo er zur Tatzeit gewesen war. Er entschuldigte das damit, dass er von Carinas Tod völlig schockiert sei. Behringer beschränkte sich daher vorerst auf allgemeine Fragen zu Hechts Aufgabenbereich im *Haus der Jugend*.

Hecht erklärte ihm, dass er im Allgemeinen der Letzte sei, der das Haus verlasse. Meist gehe er gegen 20.30 Uhr. Mitunter komme er auch schon einmal früher weg, denn eine genau festgelegte Arbeitszeit habe er nicht, und einen Nachweis für seine geleisteten Arbeitsstunden müsse er auch nicht erbringen. Seinen Angaben zufolge nahm man das im *Haus der Jugend* nicht so streng, solange jeder seine Arbeit machte.

Marianne Marxen bestätigte die Angaben des Hausmeisters, allerdings konnte sie nicht sagen, wann sie den Mann am Abend des 2. Juni zuletzt gesehen hatte. Sie gestand verlegen ein, dass sie ihm nicht übermäßig viel Beachtung schenke. Er sei sehr unauffällig, aber auch immer sehr höflich, und es habe bisher nie Grund zur Klage gegeben.

Behringer schien mit seinen Ermittlungen in einer Sackgasse gelandet zu sein. Carina Illgner hatte anscheinend keine Feinde gehabt, und der Umstand, dass sie mit ihrem Mann einen Streit gehabt hatte, reichte kaum aus, um in diesem den Mörder zu vermuten. Auch deutete nichts darauf hin, dass einer der Jungendlichen aus dem *Haus der Jugend* den Mord begangen hatte. Zwar konnte einer von ihnen, Sven Koch, für den Mordabend kein Alibi vorweisen, bei ihm ließ sich aber auch kein mögliches Motiv für die Tat finden.

Frustriert betrachtete Behringer noch einmal die Fotos vom Fundort der Leiche. Er war sich sicher, dass der Täter die Leiche nur verbrannt hatte, um Spuren zu vernichten. Aber welche Spuren konnten das gewesen sein? Und wo war Carinas Wagen geblieben?

Möglich war, dass Carina Illgner auf dem Weg nach Hause von ihrem Mörder angehalten worden war und sie ihn ein Stück mitgenommen hatte. In diesem Fall hatte der Mörder das Fahrzeug verschwinden lassen müssen, um sicherzugehen, dass er auch dort keine Spuren zurückließ. Es erschien logisch, dass er den Wagen nicht verbrannt hatte. Aufgrund des Benzins im Tank wäre er ziemlich rasch explodiert, und das wäre weithin hörbar gewesen. Also hatte der Täter den Wagen möglicherweise versteckt.

Einen ersten Lichtblick hatte Behringer einen Tag später. Dr. Ralf Jensen vom kriminaltechnischen Labor meldete sich bei ihm, um mit ihm die am Fundort gesicherten Spuren zu besprechen. Der aufgefundene Zigarettenstummel war seinen Angaben nach wertlos. Die Analysen hatten ergeben, dass er bereits viele Wochen im Freien gelegen hatte und für den vorliegenden Fall keine Relevanz besaß. Auch der Benzinkanister trug nicht zur Erhellung des Falls bei; es war ein handelsübliches Exemplar, das keinerlei Fingerabdrücke aufwies.

Anders sah es mit dem aufgefundenen Brillenglas aus. Man hatte im Umkreis des Fundortes kein zugehöriges Gestell gefunden. Demnach gehörte das Glas schon einmal nicht zu einer alten Brille, die jemand ganz bewusst im Wald weggeworfen hatte. Wahrscheinlicher war, dass es sich versehentlich aus einem Gestell gelöst hatte. Es war möglich, dass Carina Illgners Mörder Brillenträger war und er das Glas während eines Kampfs mit seinem Opfer verloren hatte. Möglicherweise hatte er den Verlust zunächst gar nicht bemerkt oder das Glas im Eifer des Gefechts so schnell nicht wiederfinden können. Von einem an der Tat unbeteiligten Spaziergänger stammte das Glas aller Wahrscheinlichkeit nach jedenfalls nicht. Wäre einem solchen versehentlich ein Glas aus der Brille gefallen, hätte er sicher so lange gesucht, bis er das Glas wieder gefunden hätte, und es mitgenommen, um seine Brille günstig reparieren zu lassen.

Aufgrund dieser Überlegungen hatte Dr. Jensen das Glas eingehender untersucht. Dabei hatte er entdeckt, dass es sich um ein Mehrstärkenglas handelte, wie es bei Gleitsichtbrillen verwendet wird. Diese Gläser werden nur Menschen angepasst, die einerseits unter Alterssichtigkeit leiden und daher mindestens 45 Jahre alt sind, andererseits aber auch kurzsichtig sind. Der Vorteil einer Brille mit Mehrstärkengläsern ist, dass ihr Träger nicht gezwungen ist, seine Brille passend zu seiner Tätigkeit zu wechseln. So kann er mit ein und derselben Brille zum Beispiel ein Fahrzeug führen und eine Straßenkarte lesen.

Behringer erinnerte sich sofort an Robert Hecht und seine geschwollenen Augen. Er fragte Dr. Jensen, ob es möglich sei, mehr über den Träger dieses speziellen Glases in Erfahrung zu bringen, woraufhin Dr. Jensen erklärte, dass er bereits alles dafür Notwendige in die Wege geleitet habe.

Auf der Oberfläche jedes Brillenglases sind der Hersteller sowie der jeweilige Typ des Glases eingraviert. Letzteren hatte Dr. Jensen zusammen mit den von ihn ermittelten Stärkewerten bereits dem Hersteller übermittelt. Dort wiederum hat man eine Software, die es erlaubt herauszufinden, welcher Optiker das gesuchte Glas bestellt hat. Es galt also nur noch abzuwarten.

Zwei Tage später lag das Ergebnis vor. Die Brille, zu der das gefundene Glas gehörte, war eineinhalb Jahre zuvor von einem Optiker in Wedel bestellt worden. Behringer suchte den Laden auf. Er sprach mit dem Geschäftsführer, Josef Heidenreich, und legte ihm das Rechercheergebnis des Glasherstellers vor. Heidenreich war sehr hilfsbereit, gab aber zu, dass er seine Kundenkartei nach Namen sortiert habe und er keine Möglichkeit sehe, aufgrund der ihm vorliegenden Werte den Kunden herauszufiltern. Behringer insistierte jedoch so vehement darauf, eine Möglichkeit zu finden, dass Heidenreich sich schließlich bereit erklärte, mit Behringer nach Feierabend die Kartei durchzugehen.

Nach einigen Stunden mühevoller Arbeit hatten sie dann schließlich Erfolg: Der Kunde, der knapp 18 Monate zuvor die Brille mit dem am Tatort aufgefundenen Glas erhalten hatte, war Robert Hecht.

Laut Kartei war er am 3. Juni 2002 erneut zu Heidenreich ins Geschäft gekommen, um die damals gekaufte Brille reparieren zu lassen. Eines der Gläser war nämlich aus der Fassung gefallen. Heidenreich hatte sich noch gewundert, dass Hecht das Glas nicht mitgebracht hatte, wie die meisten seiner Kunden es in einem solchen Fall taten. Er hatte sich aber nichts weiter dabei gedacht. Da das neue Glas für die defekte Brille bisher noch nicht eingetroffen war, vermutete Heidenreich, dass Hecht zwischenzeitlich seine Ersatzbrille benutzte, deren Stärke für seine Sehschwäche jedoch bei weitem nicht mehr ausreichte. Jetzt war Behringer natürlich klar, warum Hecht während ihres Gesprächs so geschwollene Augen gehabt hatte.

Hecht wurde noch am selben Tag unter Mordverdacht verhaftet. Er brach in Tränen aus und legte ein umfassendes Geständnis ab. Er gab zu, schon längere Zeit in Carina Illgner verliebt gewesen zu sein. Sie sei im *Haus der Jugend* die Einzige gewesen, die freundlich mit ihm gesprochen, ja, die ihn überhaupt wahrgenommen habe.

Am Abend des 2. Juni hatten Carina und er das *Haus der Jugend* gemeinsam verlassen. Da sein Fahrzeug an diesem Tag in der Werkstatt gewesen war, hatte er Carina gebeten, ihn ein Stück mitzunehmen. Carina war ganz unbefangen auf diese Bitte eingegangen. Hecht hatte dies als Chance gesehen und Carina seine Liebe gestanden. Zunächst hatte Carina freundlich, aber bestimmt versucht, ihn abzuweisen. Er hatte mittlerweile neben ihr im Wagen gesessen, und sie hatte ihn gebeten auszusteigen. Er hatte sich jedoch geweigert und versucht, sie zu küssen. Da hatte sie sich losgerissen und zu schreien begonnen. Da sie noch immer auf dem schlecht beleuchteten Parkplatz gestanden hatten, hatte Hecht befürchtet, dass jemand sie hören könnte. Sein Verhalten war ihm mittlerweile peinlich gewesen. Er hatte verhindern wollen, dass jemand anders davon erfuhr, daher hatte er versucht, Carina zum Schweigen zu bringen. Dabei hatte er sie gewürgt. Als sie sich nicht mehr gerührt hatte, hatte Hecht geglaubt, dass er sie getötet hatte. Er war ein nahe gelegenes Waldstück gefahren, um die Leiche dort zu vergraben. In Wald angekommen, war Carina jedoch wieder zu sich gekommen. Vollkommen in Panik geraten, hatte Hecht sie erneut gewürgt; diesmal hatte er so lange gewartet, bis sie sich tatsächlich nicht mehr gerührt hatte. Aus Angst Spuren hinterlassen zu haben, hatte er Carina ausgezogen, sie mit dem Benzin aus einem Kanister, den er im Wagen gefunden hatte, übergossen und angezündet. Das Fahrzeug ebenfalls in Brand zu setzen hatte er sich nicht getraut, weil er – wahrscheinlich zu Recht – befürchtete hatte, die Explosion würde bemerkt werden und auf seine Tat aufmerksam machen. Also war Hecht mit Carinas Fahrzeug zu einem nahe gelegenen Baggersee gefahren, wo er es versenkt hatte.

Hecht führte die Ermittler zu dem betreffenden See, wo der Wagen geborgen werden konnte.

Das Gericht folgte bei der Urteilssprechung dem Vorschlag der Staatsanwaltschaft und verurteilte Hecht zu lebenslanger Haft. Für den Richter war eindeutig, dass Hecht vorsätzlich gehandelt hatte. Zudem hatte er während der Tatausübung keinerlei Mitleid mit seinem Opfer gezeigt. Als Carina Illgner noch einmal zu sich kam, war es ihm nicht in den Sinn gekommen, von seinem Vorhaben abzurücken. Er hatte nur an sich gedacht und Carina Illgner aus Angst vor der eigenen Strafe getötet.

Hecht sitzt derzeit in der JVA Kiel in Haft. Seine Anwälte haben gegen das Urteil Revision eingelegt.

4. Kapitel

Tod im Krankenhaus

Die barmherzige Schwester

Als Anneliese Hubert starb, war es für alle Beteiligten und vor allen Dingen für sie selbst eine Erlösung. Die 45-Jährige war schon lange krank gewesen. Zehn Jahre zuvor hatte man einen Tumor in ihrer Brust entdeckt, doch für eine schonende Behandlung war es schon zu spät gewesen. Der Krebs hatte bereits verheerende Schäden angerichtet, so dass den Ärzten schließlich nichts anderes übrig geblieben war, als beide Brüste zu amputieren. Eine Zeit lang hatte die Prognose trotz allem positiv ausgesehen. Nachdem sich Frau Huberts Gesundheitszustand einige Jahre lang kontinuierlich verbessert hatte, war der Krebs jedoch erneut ausgebrochen. Zum Schluss war allen klar gewesen, dass Frau Hubert keine Chance mehr hatte und man ihr nur noch helfen konnte, indem man ihr Leiden erleichterte. Als sie in der Nacht zum 25. Januar 2004 starb, waren ihre Angehörigen trotz der Trauer erleichtert. Keiner hegte Zweifel an der Ursache ihres Todes, und niemand hätte gedacht, dass diese Arglosigkeit vielen weiteren Menschen das Leben kosten würde.

Im Fall Robert Meyer sah es ähnlich aus. Der 93-Jährige war schon seit langem krank; selbst wenn er bei vollem Bewusstsein war, erkannte er seine engsten Angehörigen nicht. Auch für ihn, der den Tod seiner Ehefrau fünf Jahre zuvor nie ganz verwunden hatte, war das Sterben eine Erlösung.

Der Tod war auf der Palliativstation des Hamburger Großkrankenhauses trauriger Alltag. Niemand hegte einen besonderen Verdacht, als es eine Zeit lang zu vermehrten Todesfällen kam. Irgendwann würden andere Zeiten kommen, dachte man, und man sollte Recht behalten.

Denn es gab auch andere Krankenhäuser.

Als die Todesfälle im ersten Großkrankenhaus wieder rückläufig waren, stieg die Sterberate auf der Intensivstation eines anderen Hamburger Großkrankenhauses an. Auch dort war jedoch zunächst niemand verwundert, da es sich bei den Verstorbenen ausschließlich um Schwerstkranke handelte.

Eines Tages verlangte der Sohn der 65-jährigen Maria Felden nach dem Tod seiner Mutter jedoch eine unabhängige Untersuchung. Frau Felden war nach einem Herzinfarkt in das Krankenhaus eingeliefert worden, das für seine Herzchirurgie bekannt war. Dort hatte man festgestellt, dass Frau Felden drei Bypässe benötigte. Die Operation war erfolgreich verlaufen, und die Ärzte waren überzeugt gewesen, Frau Felden das Leben gerettet zu haben. Nach zwei Tagen auf der Intensivstation war sie jedoch plötzlich verstorben. Ihr Sohn, Henry Felden, den der Tod der Mutter sehr mitgenommen hatte, verlangte eine Erklärung für diesen unerwarteten Tod. Daraufhin wurde ihm jedoch lediglich mitgeteilt, dass Todesfälle nach einer Operation, wie sie bei seiner Mutter durchgeführt worden war, schon einmal vorkommen könnten. Angesichts dieser wenig konkreten Aussage bestand Felden auf einer Obduktion.

Der Rechtsmediziner Dr. Lothar Weintraub fand jedoch keine ungewöhnliche Erklärung für Maria Feldens Tod. Ihr Ableben schien eine durchaus natürliche Ursache gehabt zu haben. Der hohe Kaliumgehalt im Blut der Toten stellte für Dr. Weintraub kein Grund zur Besorgnis dar, denn wenn das Blut nach dem Tod eines Menschen verfällt, wird immer vermehrt Kalium freigesetzt. Dr. Weintraub konnte die Angaben der behandelnden Ärzte auf dem Totenschein daher nur bestätigen. Seiner Meinung nach war ein Fall eingetreten, der leider immer wieder vorkommt: Maria Felden war an den Folgen einer Operation gestorben.

Auch die Herzklappenoperation des 77-jährigen Walter Helmich verlief zunächst erfolgreich. Nach drei Tagen auf der Intensivstation versagte jedoch sein Kreislauf. Zwar waren die behandelnden Ärzte erstaunt, aber sie wussten auch, dass man keine verbindlichen Vorhersagen treffen konnte. Schon gar nicht dann, wenn der Patient, wie in diesem Fall, schon älter war.

Besondere Beachtung fand erst der Fall des 32-jährigen Andreas Wandscheid. Wandscheid war nach einem schweren Verkehrsunfall eingeliefert worden. Er war auf der Autobahn in eine Massenkarambolage geraten und hatte sich schwer am Bein verletzt. Der rechte Unterschenkel musste amputiert werden. Dies war kein ungewöhnlicher Eingriff, dennoch war der Patient 24 Stunden nach der Operation tot.

Der Vater, Wilfried Wandscheid, gab sich mit der Erklärung der Ärzte für den Tod seines Sohnes nicht zufrieden. Nach der routinemäßigen rechtsmedizinischen Untersuchung bestand er auf einer erneuten Obduktion. Dieses Mal sollte sie von Rechtsmediziner und Gerichtsgutachter Prof. Dr. Andresen durchgeführt werden.

Dr. Andresen ging sehr sorgfältig vor. Aber auch er konnte zunächst keine Besonderheiten entdecken. Der Kaliumgehalt im Blut des Verstorbenen war recht hoch, doch auch Dr. Andresen bereitete das keine größeren Sorgen. Er wusste, dass solch hohe Werte normal waren. Nichtsdestotrotz wollte er nicht glauben, dass Wanscheid eines natürlichen Todes gestorben war. Durch ein Vorgespräch mit dem Vater des Verstorbenen wusste er, dass der junge Mann vor seinem Unfall vollkommen gesund gewesen war. Die Angaben des Vaters wurden durch zahlreiche Untersuchungsbefunde bestätigt. Eine Beinamputation war zwar kein leichter Eingriff, aber ein junger Mann in gesundheitlich guter Verfassung hätte sie gut überstehen müssen. Daher wiederholte Dr. Andresen seine Untersuchung. Er vermutete, dass eine allergische Reaktion auf ein verabreichtes Medikament den Tod herbeigeführt hatte; Allergien schlummern oft im Verborgenen, so dass die Betroffenen häufig nichts davon wissen. Dr. Andresen führte ein toxikologisches Screening durch, um den Medikamentenspiegel im Körper des Toten zu überprüfen. Dabei wurde er schließlich fündig.

Er stieß auf Spuren des Wirkstoffes Clonidin, der unter anderem im Medikament *Paracefon* verarbeitet wird, das als Entzugsmedikament bei Drogenabhängigen eingesetzt wird.

Dr. Andresen stutzte. Er hatte bei seinen Untersuchungen keinen Hinweis auf Drogenmissbrauch bei Andreas Wandscheid feststellen können. Auch sein Vater hatte nichts davon erwähnt. Warum also hätte der Verstorbene dieses Medikament einnehmen sollen?

Dr. Andresen ließ sich das Wandscheids Krankenblatt zeigen und stellte fest, dass ihm offiziell kein Medikament verabreicht worden war, dass Clonidin enthielt. Die Ärzte, die Wanscheid behandelt hatten, konnten sich das Ergebnis des toxikoligischen Screenings auch nicht erklären.

Dr. Andresen kam zu dem Schluss, dass das Clondinin den Tod von Wandscheid mit verursacht hatte. Er ging davon aus, dass dem Verstorbenen versehentlich ein falsches Medikament verabreicht worden war, und gab seine Untersuchungsergebnisse an dessen Vater weiter, der wiederum das Krankenhaus verklagte.

Andreas Wandscheid schien das Opfer einer tragischen Verwechslung geworden zu sein. Zur Sicherheit gab die Krankenhausleitung jedoch eine Anordnung heraus, jeden ungewöhnlichen Todesfall eingehend zu untersuchen. Die bevorstehende Millionenklage reichte aus, um die Verantwortlichen äußerst vorsichtig werden zu lassen.

Der nächste mysteriöse Todesfall ließ nicht lange auf sich warten.

Acht Wochen nach dem Tod von Andreas Wanscheid wurde Gerd Henschel nach einer Operation auf die Intensivstation verlegt. Infolge einer Krebserkrankung hatten ihm die Ärzte einen Teil des Darms entfernen müssen. Da die Krankheit bei ihm früh erkannt worden war, standen seine Chancen gut. Zwölf Stunden nach seiner Verlegung auf die Intensivstation erlitt er jedoch einen Herzstillstand. Die sofort eingeleiteten Reanimationsmaßnahmen blieben erfolglos. Henschel wurde noch am selben Tag von Dr. Karl Wenzel, dem Pathologen des Krankenhauses, untersucht. Der Fall Andreas Wandscheid war Dr. Wenzel noch gegenwärtig. Daher führte er, nachdem die eigentliche Obduktion keine auffälligen Ergebnisse zutage gefördert hatte, ein toxikologisches Screening durch. Das Ergebnis war, wie er befürchtet hatte: Auch bei Henschel fand sich eine große Dosis von Clonidin im Blut. Und noch etwas fiel Dr. Wenzel auf. Zwar wusste er, dass der Kaliumgehalt bei Verstorbenen extrem hoch war, aber im Fall von Gerd Henschel war er höher als normal. Das konnte seines Erachtens kein Zufall sein. Er informierte die Krankenhausleitung und teilte ihr seinen Verdacht mit.

Dr. Wenzel war überzeugt, dass beim Tod von Gerd Henschel jemand nachgeholfen hatte. Er überprüfte, in welchen Medikamenten Clonidin zu finden war, und machte eine interessante Entdeckung: Clonidin war ein wesentlicher Bestandteil des Blutdruckmedikamentes Catapresan, das auf vielen Krankenhausstationen, vor allem aber auf Intensivstationen, leicht zu finden war. Wenn er zusätzlich den hohen Kaliumgehalt im Blut des Toten berücksichtigte, musste er zu dem Schluss kommen, dass irgendjemand dieses Blutdruckmittel mit Kalium gemischt und dem Patienten injiziert hatte – eine tödliche Mischung. Wenn dem so war, war Henschel eindeutig ermordet worden.

Gemeinsam mit der Krankenhausleitung ging Dr. Wenzel

das Krankenblatt sowie die Dienstpläne des Pflegepersonals durch und verglich sie mit den Unterlagen, die ihm vom Fall Wandscheid zur Verfügung standen. In beiden Fällen gab es weder bei der Medikamentengabe noch beim Krankheitsverlauf Gemeinsamkeiten. Nur eines fiel auf: In beiden Fällen hatte eine Schwester Dienst gehabt, die sich um die Patienten gekümmert hatte: Natalie Mackowiak.

Das konnte natürlich Zufall sein, musste aber überprüft werden. Die Personalakte von Frau Mackowiak gab nicht viel her. Die Schwester war ein paar Monate zuvor von der Palliativstation eines anderen städtischen Krankenhauses auf die hiesige Intensivstation versetzt worden. Sie galt als zurückhaltend und hilfsbereit. Den Patienten gegenüber soll sie immer sehr geduldig und herzlich gewesen sein, eine Krankenschwester mit Leib und Seele. So schien es jedenfalls. Allerdings war die Krankenhausleitung jetzt hellhörig geworden und zog bei Mackowiaks früherer Arbeitsstätte Erkundigungen ein. Naturgemäß hatte es dort sehr viele Todesfälle gegeben, man regte aber dennoch an, die Fälle, bei denen Mackowiak die Betreuung der Sterbenden oblegen hatte, noch einmal zu genau überprüfen.

Die Ergebnisse bestätigten den bestehenden Verdacht. In zwei Fällen lagen noch Blutproben vor, die erneut untersucht wurden. In beiden Fällen wurde Clonidin gefunden. Es handelte sich um die Todesfälle von Anneliese Hubert und Robert Meyer.

Man beschloss, mit Natalie Mackowiak zu sprechen, bevor man sie der Polizei übergab. Man wollte ihr auf diesem Weg die Chance geben, zu erklären, was passiert war. Als Mackowiak dem Verwaltungsdirektor des Krankenhauses gegenüber saß und erfuhr, welcher Verdacht gegen sie gehegt wurde, reagierte sie überraschend.

Sie gab ihre Taten unumwunden zu. Es schien, als wollte sie sich alles von der Seele reden. In den Fällen Hubert und Meyer habe sie, wie sie erklärte, aus Mitleid gehandelt. Beide Patienten hatten keine hohe Lebenserwartung mehr gehabt, und vor allem der Patientin Anneliede Hubert habe sie weitere Qualen ersparen wollen. Der totkranke Robert Meyer habe ihr Mitleid erregt, weil er so alt gewesen war und, wie sie sagte, den Tod herbeigesehnt hatte. Woher Mackowiak das wissen wollte, was dem Verwaltungsdirektor schleierhaft. Schließlich war Robert Mayer selten bei Bewusstsein gewesen.

Nach diesen Fällen hatte Mackowiak die Arbeitsstelle gewechselt, weil sie, wie sie sagte, mit dem allgegenwärtigen Tod nicht mehr zurechtgekommen sei. Sie habe unter den Qualen der Patienten gelitten und sei nicht in der Lage gewesen, Distanz zu wahren. Also war sie als ausgebildete Intensivschwester auf die Intensivstation gewechselt, auf der sie bis zum heutigen Tag gearbeitet hatte. Die dortigen Patienten hatte sie zwar immer nur kurz betreut, doch sie glaubte, auch hier großes Elend erkennen zu können und bekämpfen zu müssen.

Als Andreas Wandscheid eingeliefert worden war, war sie überzeugt gewesen, eine Art heilige Mission erfüllen zu müssen. Sie hatte ihm ein Leben als Behinderter ersparen wollen und ihn daher getötet. Auch Gerd Henschel hätte ihrer Meinung nach vom Leben nach der Operation nicht mehr viel zu erwarten gehabt. Obschon die Ärzte der Meinung gewesen waren, er habe gute Chancen gehabt, gesund zu werden, sie hatte das anders gesehen. Ein Krebspatient hatte in ihren Augen niemals eine Chance.

In allen Fällen hatte Mackowiak sich für die Tötung der Patienten Mittel bedient, die auf jeder Station für das Pflegepersonal frei zugänglich waren. Sie hatte Kalium mit Catapresan gemischt und ihren Opfern den tödlichen Cocktail injiziert. Angst, dass eine zusätzliche Einstichstelle auffallen würde, hatte sie nicht gehabt. Sie hatte jedes Mal die bereits vorhandenen Zugänge genutzt.

Obwohl sie wegen vorsätzlichen Mordes in vier Fällen angeklagt wurde, entging Natalie Mackowiak einer Haftstrafe. Ein Gutachter attestierte ihr Schuldunfähigkeit. Mackowiak ist heute in der Psychiatrie.

Götter in Weiß

Die Medizin macht von Tag zu Tag größere Fortschritte und jeder, der ins Krankenhaus kommt, vertraut auf die Ärzte, die so genannten Götter in Weiß, gerade wenn sich eine Routineoperation ansteht. Modernste technische Errungenschaften überwachen die Vitalfunktionen und hoch qualifizierte Pflegekräfte sorgen dafür, dass Leben gerettet und Krankheiten geheilt werden. Hinter allem steht jedoch der Faktor Mensch, und Menschen machen Fehler. Da, wo der Mensch versagt, kann auch modernste Technik nichts ausrichten. Es sind die kleinen menschlichen Tragödien, die sich Tag für Tag unbemerkt abspielen.

Als der 55-jährige Walter Hauschild ins Krankenhaus kam, war er guter Dinge. Am nächsten Tag sollte ihm die Gallenblase entfernt werden. Schon ein paar Tage später sollte er wieder zu Hause sein. Die Ärzte versicherten ihm, dass es sich um einen Routineeingriff handelte, der jede Woche dutzende von Malen vorgenommen wurde. Sein Hausarzt suchte ein Krankenhaus aus, in dem Herr Hauschild in besten Händen dachte. Einige Stunden nach dem vermeintlich harmlosen Eingriff war Walter Hauschild jedoch tot.

Seine Witwe Marita Hauschild verlangte eine Erklärung. Man sagte ihr, dass ihr Mann den Belastungen der Narkose nicht standgehalten habe. Zwar seien die Voruntersuchungen sorgfältig vorgenommen worden, aber es komme leider immer wieder vor, dass der Körper gerade eines älteren Menschen nicht so reagiere wie vorhergesehen. Ihr Mann habe einen kleinen Herzfehler gehabt, der erst bei der Operation ans Licht gekommen sei. Man habe zwar entsprechende Maßnahmen eingeleitet, die sich dann aber als unwirksam erwiesen hätten. Er sei daher nicht mehr zu retten gewesen. Derlei komme vor. Leider.

Marita Hauschild reichte diese Antwort nicht. Es gelang ihr jedoch nicht mehr, zu den verantwortlichen Ärzten vorzudringen. Vielmehr schlug man ihr einen finanziellen Ausgleich vor. Das Krankenhaus war der Meinung, damit mehr als genug getan zu haben, und erwartete von Marita Hauschild, dass sie endlich schwieg. Die Witwe wurde daraufhin stutzig. Sie konnte sich nur sehr schwer vorstellen, dass das Krankenhaus eine Entschädigung vorschlüge, wenn es keinen Grund dafür gäbe. Sie nahm sich einen Anwalt.

Roger Pütter wandte sich schriftlich an das Krankenhaus und bat um die Herausgabe der Krankenakte. Dies wurde rundweg abgelehnt. Dabei berief man sich auf die ärztliche Schweigepflicht. Der Einwand Pütters, dass ein Grund zur Schweigepflicht nicht mehr vorliege, da der Patient, um den es ging, verstorben sei und die Witwe die Klinik von der Schweigepflicht entbinde, blieb unbeantwortet. Es war offensichtlich, dass das Krankenhaus versuchte, etwas zu vertuschen.

Pütter sah keine andere Möglichkeit, als mit einer Strafanzeige wegen Körperverletzung mit Todesfolge bei der Staatsanwaltschaft zu reagieren. Er erreichte, das die Staatsanwaltschaft einen richterlichen Beschlagnahmebeschluss erwirkte, und wenige Tage später hatte er die Krankenakte auf dem Tisch liegen. Diese legte er Walter Hauschilds ehemaligem Hausarzt vor mit der Bitte, die Ergebnisse der klinischen Voruntersuchung mit jenen seiner eigenen Untersuchungen zu vergleichen.

Für den Hausarzt ergaben sich keine Anhaltspunkte, die die Erklärung des Krankenhauses gegenüber der Witwe rechtfertigten. Er hatte nie einen Herzfehler bei Hauschild feststellen können. Und fand auch in der Krankenhausakte keine Hinweise darauf, dass ein solcher Fehler entdeckt worden war. Allerdings fiel ihm auf, dass die Akte des Krankenhauses mehr oder weniger schlampig geführt worden war. Das EKG, das während der Operation erstellt wurde und die Theorie des Herzfehlers hätte stützen können, fehlte. Auch das Krankenblatt entsprach nicht der Norm. Es waren Streichungen vorgenommen und Namen verändert worden. Dies allein erfüllte den Tatbestand der Urkundenfälschung. Pütter vermutete, dass hier manipuliert worden war, um Fehler zu vertuschen. Dem Krankenblatt war zu entnehmen, dass es nach der Operation zunächst keine Auffälligkeiten gegeben habe. Schließlich habe man bei einer Überprüfung der Werte festgestellt, dass der Patient tot war. Ein Reanimationsversuch sei gescheitert.

Das Medikamentenblatt hingegen war tadellos geführt. Hier waren keine Manipulationen vorgenommen worden. Laut Krankenblatt erfolgte die stündliche Überprüfung des Patienten durch einen Oberarzt. Das erschien selbst Pütter merkwürdig. Im Allgemeinen wurde diese Überprüfung durch eine Schwester oder einen Pfleger vorgenommen. Allerdings war der Name des Oberarztes nachträglich eingefügt und der Name des eigentlich Verantwortlichen durchgestrichen worden.

Die Staatsanwaltschaft veranlasste eine kriminaltechnische Untersuchung, um den ursprünglichen Namen auf dem Krankenblatt wieder sichtbar zu machen. Es stellte sich heraus, dass die stündliche Überprüfung der Vitalfunktionen von Dr. Bernd Reim durchgeführt worden war, einem jungen Arzt im Praktikum. Die Staatsanwaltschaft lud Reim als Zeugen vor. Er erschien auch tatsächlich, allerdings in Begleitung eines Rechtsanwalts. Zwar war das sein gutes Recht, doch dem Staatsanwalt, Dr. Peter Melchior, schien dies verdächtig. Grundsätzlich erschienen nur Zeugen, die etwas zu verbergen hatten, mit einem Anwalt im Schlepptau. Trotz allem bemühte sich Melchior, dem jungen Arzt vorurteilsfrei zu begegnen.

Der junge Mann war sichtlich nervös und behauptete zunächst, sich an den Fall nicht erinnern zu können. Auf die Diskrepanz im Krankenblatt hingewiesen, machte er widersprüchliche Angaben. Er sei laut Dienstplan zwar für den Patienten Hauschild eingeteilt worden, jedoch war der Plan im letzten Moment vom Oberarzt geändert worden, weil dieser Hauschild lieber selbst hatte überwachen wollen. Melchior fragte, welche Patienten er, Reim, denn ansonsten zu betreuen gehabt habe. Dabei stellte sich heraus, dass sich Reim in jener Nacht um einen Herzpatienten gekümmert hatte, der zudem noch Dialysepatient gewesen war. Für Melchior war dieses Vorgehen nicht nachvollziehbar. Der Oberarzt sollte sich um einen Routinefall gekümmert und einem Berufsanfänger einen Schwerstkranken überlassen haben? Seine Zweifel äußerte Dr. Melchior offen gegenüber Reim, der allerdings nicht wusste, was er darauf antworten sollte. Er habe die Entscheidung des Oberarztes weder hinterfragt noch angezweifelt. Reim wirkte zwar immer noch ein wenig nervös, aber er hatte seine Antworten offenbar gut einstudiert.

Der Stationspfleger Helmut Kranzek hingegen war nicht nervös. Er bestätigte die Aussage Reims. Ihm erschien die Entscheidung des Oberarztes keinesfalls merkwürdig. Schließlich sei der Herzpatient stabil gewesen, man hatte keine Krise zu befürchten gehabt. Warum er sich um einen vergleichsweise harmlosen Fall selbst gekümmert habe, wisse er allerdings nicht.

Melchior befürchtete bereits, dass er keine Chance haben würde, in dieser Sache etwas zu bewegen, als er unerwartet Hilfe bekam: Er erhielt einen anonymen Brief, dem ein Medikamentenblatt beilag. Demzufolge hatte Walter Hauschild ein Medikament gegen die Schmerzen nach der Operation erhalten. Bei dem Medikament hatte es sich um *Fortal* gehandelt, dass aus synthetischem Morphium hergestellt wird und ihm in einer geringen Dosis verabreicht worden war.

Der anonyme Hinweisgeber wusste anscheinend noch eine ganze Menge mehr. An dem besagten Abend war der Oberarzt seinen Angaben zufolge gar nicht auf der Station gewesen. Er war erst gerufen worden, als es schon zu spät war. Laut den Angaben im Brief hatte sich folgendes Szenario abgespielt: Wie bereits erwähnt, hatte Hauschild das schmerzstillende Medikament *Fortal* bekommen, und zwar von Bernd Reim. Während dieser seine

Runde gemacht hatte, hatte er festgestellt, dass Hauschild zwar am Leben war, aber nicht mehr reagierte. Auch als ihm der Blutdruck gemessen wurde, rührte er sich nicht. Reim war beunruhigt und hatte sich an den Stationspfleger Kranzek gewandt, der ihn beruhigte und sinngemäß sagte, dass er den Patienten in Ruhe ausschlafen lassen solle. Zunächst entspannte sich Reim, aber als er bei seiner nächsten Runde sah, dass sich der Zustand des Patienten nicht geändert hatte, geriet er in Panik. Er benachrichtigte den Oberarzt, der sich außerhalb des Krankenhauses auf einer Party befand. Nach kurzer Zeit traf er im Krankenhaus ein und kümmerte sich um Hauschild. Anscheinend hatte dieser das *Fortal* nicht vertragen, und der erfahrene Mediziner erkannte, dass es um Sekunden ging. Er gab ihm ein Gegenmittel, und zwar *Naloxon*. Aber es war zu spät. Walter Hauschild verstarb wenige Minuten später. Ein Reanimationsversuch blieb erfolglos.

Dr. Melchior nahm diesen anonymen Hinweis sehr ernst und lud Bernd Reim erneut vor. Er versuchte Reim aus der Reserve zu locken. Gegen den Rat seines Anwaltes packte Reim aus. Es sei genauso gewesen, wie Dr. Melchior gesagt habe. Um die Angelegenheit zu verschleiern, habe man das Medikamentenblatt entfernt und durch ein neues ersetzt. Auch habe man die Namen der behandelnden Ärzte geändert, weil sein Vorgesetzter der Meinung war, dass es einfacher sei, eine Anzeige wegen Urkundenfälschung zu kassieren, als mit einer Millionenklage wegen grob fahrlässigen Verhaltens belästigt zu werden.

Auf der Grundlage dieser Aussage erhob Dr. Melchior Anklage gegen den Stationspfleger und den Oberarzt wegen unterlassener Hilfeleistung. Beide haben bis heute zu den Anklagepunkten geschwiegen. Bernd Reim konnte für die Taten seiner Vorgesetzten nicht zur Verantwortung gezogen werden. Er hat nichts zu befürchten. Wer der anonyme Hinweisgeber war, konnte nicht geklärt werden. Marita Hauschild hat das Krankenhaus auf Schmerzengeld verklagt, ihrem Mann konnte sie damit natürlich nicht mehr helfen.

5. Kapitel

Mord an alten Damen

Lange Zeit bemerkte in dem Frankfurter Mehrfamilienhaus niemand, dass etwas vorgefallen war. Erst als einige Bewohner einen merkwürdigen Geruch wahrnahmen, der aus einer der Wohnungen kommen musste, riefen sie die Polizei.

Es war der 2.Mai 2003, als die herbeigerufenen Beamten die Wohnung der 85-jährigen Hertha Bessemer aufbrachen. Das Wohnzimmer der kleinen Wohnung war verwüstet, sämtliche Schränke waren durchwühlt worden. Hertha Bessemer lag auf ihrem Bett im Schlafzimmer. Ihr Anblick entsetzte selbst die hartgesottensten unter den Beamten. Das Gesicht der alten Frau war zerschlagen, die Leiche halb entkleidet und – wie es auf den ersten Blick schien – die Frau war geschändet worden. Der Mörder hatte das Opfer in entwürdigender Stellung zurückgelassen, mit weit gespreizten Beinen, die einen direkten Blick auf die Vagina erlaubten.

Der Rechtsmediziner fand später eine zusammengeknüllte Strumpfhose im Rachen der Frau – sie war qualvoll erstickt. Außerdem entdeckte er ein Hämatom am Hinterkopf. Wahrscheinlich hatte der Täter sie bewusstlos geschlagen. Das erklärte zumindest, warum man keine Kampfspuren hatte finden können. Nach der Meinung des Arztes war die Frau bereits etwa sechs Wochen tot gewesen, als ihre Leiche gefunden worden war.

Die Spurensicherung arbeitete fieberhaft. Aufbruchsspuren an Wohnungstür oder Fenster gab es keine. Als die Polizei die Tür aufbrach, war diese nur ins Schloss gezogen, jedoch nicht abgeschlossen gewesen. Dies deutete darauf hin, dass der Täter keinen Schlüssel besessen hatte, aber von Frau Bessemer freiwillig in die Wohnung gelassen worden war.

Geld, Sparbücher oder andere Wertgegenstände konnten in der Wohnung nicht gefunden werden. Der Täter hatte es somit scheinbar auf das Geld der alten Dame abgesehen. Es wurden nur sehr wenige Fingerabdrücke gesichert. Die meisten gehörten zum Opfer. Nur zwei Abdrücke konnten nicht der Toten zugewiesen werden, sie waren jedoch auch nicht in der Fingerabdruckkartei gespeichert. Das bedeutete, dass der Täter entweder noch nicht polizeilich bekannt war oder dass seine Abdrücke bereits wieder gelöscht worden waren.

Die ermittelnde Kriminalkommissarin Frauke Benning glaubte jedoch nicht, es mit einem Ersttäter zu tun zu haben. Die außergewöhnliche Brutalität, mit welcher der Täter vorgegangen war, sprach eher dafür, dass es sich um einen Gewohnheitsverbrecher handelte. Sie vermutete, dass dieser während der Tatausführung Handschuhe getragen hatte.

Unter dem Hausrat der alten Dame fand sich eine Visitenkarte eines Banksachbearbeiters. Benning setzte sich mit dem Mann in Verbindung und erfuhr, dass Hertha Bessemer tatsächlich eine langjährige Kundin von ihm gewesen war. Benning besorgte sich über die Staatsanwaltschaft einen richterlichen Beschluss, um die Kontoauszüge des Opfers einzusehen. Dabei stellte sich heraus, dass am 18. März 2003 das gesamte darauf verfügbare Geld, insgesamt gut 3000 Euro, über mehrere Geldautomaten per EC-Karte abgehoben worden war. Benning wollte daraufhin die Bänder der entsprechenden Überwachungskameras sehen, musste jedoch erfahren, dass man Geld an Automaten geholt hatte, die nicht videoüberwacht waren. Frau Bessemer hatte jedoch auch ein Sparbuch mit einem Guthaben von knapp 10 000 Euro besessen, das ebenfalls abgeräumt worden war. Anhand des Buchungsdatums konnte genau festgestellt werden, wann und bei welcher Filiale das geschehen war – und von dieser Transaktion waren Videobänder vorhanden. Benning sah sie sich an, kam aber auch durch sie mit ihren Ermittlungen nicht weiter. Zwar konnte der Kunde ermittelt werden, der das Sparbuch aufgelöst hatte, nur war aufgrund der schlechten Bandqualität nicht viel von ihm zu erkennen. Benning sah lediglich einen Mann, bekleidet mit Jeans, dunkler Jacke und Baseballcap. Er vermied während der ganzen Zeit, sein Gesicht in Richtung Kamera zu drehen.

Auch die abschließenden Ergebnisse der Spurensicherung waren ernüchternd. Die Ermittler hatten nichts gefunden, was die Ermittlungen voranbrachte. Lediglich ein Knopf in der Hand des Opfers könnte zu einem Anhaltspunkt werden, doch die Kriminalbeamtin wusste, dass dieses Beweisstück wertlos war, solange es keinen Vergleichsstück gab. Ihre einzige Hoffnung war die Vernehmung der Nachbarn. Soweit ihr bisher bekannt war, hatte die alte Dame keine Angehörigen, so dass sie auch an dieser Stelle nicht ansetzen konnte.

Das Haus, in dem Hertha Bessemer gewohnt hatte, umfasste acht Parteien. Benning schickte Mitarbeiter zu jedem Einzelnen, in der Hoffnung die letzten Stunden im Leben des Opfers mithilfe ihrer Aussagen rekonstruieren zu können. Als Tattag vermutete Benning den 18. oder 17. März 2003. Diese Daten deckten sich mit den Ergebnissen aus dem Bericht des Rechtsmediziners und den Tagen, an denen Hertha Bessemers Ersparnisse abgehoben worden waren. Benning glaubte nicht, dass der Täter zwischen dem Mord und der Abhebung des Geldes viel Zeit hatte verstreichen lassen. Schließlich hatte er damit rechnen müssen, dass sein Opfer verhältnismäßig früh gefunden wird, auch wenn sie sehr zurückgezogen gelebt hatte.

Doch auch die Befragung der Nachbarn brachte die Ermittlungen nicht weiter. Niemand konnte sich erinnern, Hertha Bessemer um den infrage kommenden Zeitpunkt herum gesehen zu haben. Einer der Nachbarn konnte lediglich sagen, dass der einzige Besuch, den Frau Bessemer dann und wann erhalten hatte, eine etwa gleichaltrige Dame war, mit der sie hin und wieder auf Seniorenfreizeit gefahren war.

Die Ermittlungen waren damit in einer Sackgasse gelandet, und der Fall drohte ungelöst zu bleiben. Eine letzte Möglichkeit auf Erfolg sah Benning darin, den Fall in einem polizeiinternen Informationsblatt veröffentlichen zu lassen. Da sie nicht glaubte, dass es sich bei dem Mörder um einen Ersttäter handelte, hegte sie die Hoffnung, dass es in der Vergangenheit einen ähnlichen Fall gegeben hatte, auf den ein Kollege durch die Veröffentlichung aufmerksam werden würde.

Benning hatte tatsächlich Glück. Eine Kollegin aus dem wenige Kilometer entfernten Offenbach, Hauptkommissarin Manuela Rasten, meldetet sich bei ihr und erzählte von einem Fall, der sich sechs Monate zuvor in ihrem Wirkungsbereich zugetragen hatte. Eine alte Dame von fast 90 Jahren war auf ähnliche Weise ums Leben gekommen wie Frau Bessemer. Auch in diesem Fall waren erhebliche Geldbeträge verschwunden und das Opfer geschändet worden. Aber noch etwas hatte er Täter hinterlassen: Eine Bissspur an der Schulter des Opfers. Trotz allem fehlte auch bei diesem Fall vom Täter jede Spur.

Die beiden Beamtinnen beschlossen, sich zusammenzusetzen und ihre Ermittlungsergebnisse zu vergleichen. Bereits am nächsten Tag erschien Hauptkommissarin Rasten in Bennings Büro. Die Beamtinnen verglichen die Fälle und waren sich nach kurzer Zeit einig, dass in beiden Fällen derselbe Täter am Werk gewesen war: Beide Opfer waren in ihrem Schlafzimmer getötet und geschändet worden; im Falle Hertha Bessemer war der Tod durch Erwürgen eingetreten, das Offenbacher Opfer war mit einem Kissen erstickt worden. Auch hier hatte der Täter sämtliche Konten der alten Dame aufgelöst und war unerkannt geblieben. Die Zeugenaussagen ähnelten einander ebenfalls. Beide Frauen hatten sehr zurückgezogen in Mehrfamilienhäusern gelebt. Auch in der Wohnung in Offenbach hatte es keine Spuren gegeben, die darauf hingedeutet hätten, dass der Täter gewaltsam eingedrungen war.

Eine weitere Parallele war allerdings äußerst merkwürdig. Haupkommissarin Rasten stieß als erste darauf: Eine der Nachbarinnen des Opfers im Haus in Offenbach hieß Gerlinde Ahlquist, und derselbe Nachname tauchte im Frankfurter Fall auf. Einer er ehemaligen Nachbarn Hertha Bessemers hieß ebenfalls Ahlquist, Dieter Ahlquist. Dieter Ahlquist war 43 Jahre alt, Gerlinde Ahlquist zählte bereits 71 Lenze. Manuela Rasten glaubte sich zu erinnern, dass Gerlinde Ahlquist von einem Sohn gesprochen hatte, der sie des Öfteren besuchte. Am Tattag allerdings sei er ihrer Aussage zufolge auf Montage gewesen. Aufgrund der Tatsache, dass er erst Wochen später zurückerwartet worden war, hatte man versäumt, den Mann erneut aufzusuchen. Ein kurzer Anruf bei ihrer Dienststelle bestätigte Manuela Rastens Verdacht. Gerlinde Ahquists hieß Dieter und lebte in Frankfurt. Die beiden Frauen waren sich nun sicher, dass sie ihren Täter gefunden hatten.

Dieter Ahlquist wurde noch am selben Tag verhaftet und dem Rechtmediziner zugeführt. Es galt zu beweisen, dass Ahlquist mit dem Mord in Offenbach in Zusammenhang gebracht werden konnte, daher wurde ein kompletter Gebissabdruck von ihm genommen. Dieser wurde auf eine Folie übertragen und mit der Bissspur der Schulter des ersten Opfers, die damals fotografiert wurde, verglichen. Wie erwartet, stimmte sie mit dem Zahnstatus Ahlquists überein. Ahlquist war somit nachweislich der Täter im Mordfall von Offenbach.

Die Täterschaft im Fall Hertha Bessemer musste ihm jedoch noch bewiesen werden. Kriminalkommissarin Benning ließ daher Ahlquists Wohnung durchsuchen. Und auch hier wurde man fündig. Die Techniker der Spurensicherung fanden ein Hemd, an dem ein Knopf fehlte, und zwar genauso ein Knopf, wie ihn Hertha Bessemer noch nach ihrem Tod in der Hand gehalten hatte.

Ahlquist blieb so lange stumm, bis man ihm die Taten nachweisen konnte. Dann legte er ein vollständiges Geständnis ab.

Er gab zu, die Tat in Offenbach schon längere Zeit geplant, jedoch auf den richtigen Zeitpunkt gewartet zu haben. Als er einen Montageauftrag bekommen hatte, war die richtige Zeit seiner Meinung nach gekommen. Er hatte sich von seiner Mutter verabschiedet und deren Wohnung verlassen. Anstatt aber auch das Haus zu verlassen, hatte er bei der alten Nachbarin geklingelt und sie gefragt, ob er bei ihr telefonieren dürfe. Das Telefon seiner Mutter sei kaputt und er müsse einen dringenden Anruf tätigen. Nachdem ihn die Frau, die ihn ja kannte, bedenkenlos in ihre Wohnung gelassen hatte, hatte er Handschuhe übergezogen und die alte Dame überwältigt. Er hatte sie ins Schlafzimmer geschleppt, wo er sie geschändet und anschließend getötet hatte. Zuvor hatte er allerdings die PIN-Nummer für ihre EC-Karte und das Kennwort für ihr Sparbuch von ihr erpresst. Nach dem Mord hatte er die Wohnung der Toten durchsucht, dann war er verschwunden. Auf dem Weg zum Flughafen hatte er verschiedene Banken aufgesucht, bei denen er Geld vom Konto der Toten abhob. Er hatte sich sicher gefühlt, da er davon ausging, dass niemand ihn verdächtigte. Schließlich hatten alle gedacht, er sei zur Tatzeit auf Montage gewesen. Seine Rechnung war aufgegangen. Mutig geworden durch seinen Erfolg, hatte er das nächste Verbrechen geplant. Er hatte ja nicht ahnen können, dass seine Fälle an zwei Beamtinnen geraten würden, die sich mit einem ungelösten Fall nicht abfinden konnten.

Dieter Ahlquist wurde zu lebenslanger Freiheitsstrafe ohne die Möglichkeit zur vorzeitigen Entlassung verurteilt.

6. Kapitel

Der Vergewaltiger von Hamburg

Der Sommer des Jahres 2003 war traumhaft. Temperaturen von um die 30 °C ließen die Menschen aufleben. Mit einem Mal fand das Leben außerhalb der Wohnungen statt, und jedermann genoss das schöne Wetter in vollen Zügen. Ende Juli sollte diese Idylle jedoch ein Ende haben. Es begann eine schreckliche Vergewaltigungsserie, die die Stadt noch wochenlang in Atem hielt.

Das erste Opfer war Frauke Manstein, eine junge Joggerin, die wie jeden Morgen gegen 7 Uhr ihre Runden durch den Hamburger Stadtpark drehte. Sie gab später zu Protokoll, dass sie hinter sich plötzlich Schritte gehört hatte, die sich ihrem eigenen Laufrhythmus angepasst hatten. An sich war das nichts Ungewöhnliches, aber da die Schritte unvermittelt aufgetaucht waren und der andere Läufer keine Anstalten gemacht hatte, sie zu überholen, war sie von einem mulmigen Gefühl erfasst worden. Gerade als sie sich hatte umdrehen wollen, war sie gepackt und in ein Gebüsch gezerrt worden. Ihr Angreifer hatte sie auf den Bauch geworfen und sich auf ihren Rücken gesetzt, so dass sie keine Chance gehabt hatte, sich zu wehren. Dann hatte er ihr Mund, Augen und Hände mit Klebeband verklebt. Schließlich hatte der Mann ihr die Sporthose heruntergerissen und sie brutal vergewaltigt. Aus Angst um ihr Leben, hatte Frauke Manstein sich nicht gerührt. Nach ein paar Minuten war alles vorbei gewesen. Der Angreifer hatte von seinem Opfer abgelassen und war unerkannt verschwunden. Als die junge Frau sich von ihren Fesseln befreit hatte, war niemand mehr zu sehen gewesen.

Der Täter hatte während der ganzen Zeit kein Wort gesprochen.

Frauke Manstein wurde von der Polizei zu einer gynäkologischen Untersuchung in ein Krankenhaus gebracht. Dort sollten vorhandene Spuren gesichert und eventuelle körperliche Verletzungen behandelt werden. Letztere waren nicht besonders schwer, aber psychisch war Frauke Manstein sichtlich mitgenommen.

Leider konnten auch keine besonderen Spuren bei Frau Manstein sichergestellt werden. Ihr Schamhaar wurde sorgfältig ausgekämmt, doch es fand sich kein fremdes darunter. Und auch sonst konnten keine Fremdhaare an ihre oder ihrer Kleidung gefunden werden. Das sprach dafür, dass der Täter entweder eine Glatze hatte oder während der Tat eine Mütze getragen hatte. Zudem hatte er ein Kondom benutzt.

Auch die Kleidung der Joggerin war wenig aufschlussreich. Zwar fanden sich an ihrer Sportwäsche blaue Stofffasern, doch ohne eine Vergleichsspur waren sie nutzlos. Allerdings vermuteten die zuständigen Labortechniker, dass die Fasern von einem so genannten Blaumann stammten, einen Arbeitsoverall, der von vielen Handwerkern getragen wird.

Frauke Manstein führte die Ermittler zum Tatort, aber auch dort konnten keine Spuren gefunden werden, die Rückschlüsse auf den Täter zugelassen hätten.

Das größte Problem war, dass Frau Manstein ihren Peiniger nicht beschreiben konnte, da er sich ihr nicht gezeigt und auch nicht mit ihr gesprochen hatte. Corinna Schaper, Kriminalkommissarin an der Dienststelle für Sexualdelikte, setzte daher auf die Hilfe der Öffentlichkeit. Auf einen Zeugenaufruf in den wichtigsten Tageszeitungen meldeten sich zwar zahlreiche Personen, aber deren Hinweise stellten sich allesamt als wertlos heraus.

Da Schaper zu dieser Zeit noch damit rechnen musste, dass es sich bei diesem Fall um eine Einzeltat handeln könnte, recherchierte sie parallel zu ihren anderweitigen Ermittlungen im Umfeld des Opfers. Aber auch hier ergaben sich keine Spuren.

Nach einigen Tagen schien der Fall in der Öffentlichkeit fast schon wieder vergessen zu sein, die Vergewaltigung verschwand aus der Tagespresse, und das Leben schien seinen normalen Gang zu gehen.

Zwei Wochen später schlug der Täter dann erneut zu. Dieses Mal fiel ihm die 23-jährige Bankangestellte Magdalena Schreiber zum Opfer. Sie war spätabends, als sie von einer Verabredung nach Hause kam, aus ihrem Wagen gestiegen, als sie plötzlich gepackt und in ein Gebüsch gezerrt wurde. Sie hatte ihren Wagen an einer unbeleuchteten Stelle unweit ihrer Haustür abgestellt und sollte es nun bitter bereuen. Auch ihr band der unbekannte Angreifer die Hände auf den Rücken und deckte Mund und Augen mit Klebeband ab. Wieder sprach er kein einziges Wort und auch dieses Mal war nach wenigen Minuten alles vorbei. Magdalena Schreiber gelang es, sich aus dem Gebüsch auf den Gehweg zu wälzen, wo sie von zwei späten Spaziergängern gefunden und zur Polizei gebracht wurde.

Corinna Schaper wurde rasch klar, dass die beiden Fälle zusammengehorten. Auch bei Frau Schreiber wurden blaue Fasern gefunden, die, wie sich rasch herausstellte, von demselben Blaumann stammten, den der Täter schon bei seiner ersten Tat getragen hatte. Wie beim vorangegangenen Fall sollten das aber auch schon alle sachdienlichen Funde sein. Auch bei Magdalena Schreiber konnten keine Spermaspuren oder Fremdhaare sichergestellt werden. Der Täter ging auffällig sorgfältig und vorsichtig vor. Zeugen hatte es wieder nicht gegeben. Das Paar, das Frau Schreiber gefunden hatte, hatte niemanden vom Tatort flüchten sehen.

Corinna Schaper blieb nicht mehr viel Zeit. Wenn in beiden Fällen derselbe Täter am Werk gewesen war, musste dieser rasch gefunden werden, ansonsten würde es zu weiteren Vergewaltigungen kommen.

Schaper versuchte zunächst, Gemeinsamkeiten zwischen den beiden Opfern zu finden, die den Täter möglicherweise auf die beiden Frauen aufmerksam gemacht hatte.

Frauke Manstein war Medizinstudentin und lebte in einem Wohnheim unweit des Stadtparks. Sie trieb viel Sport und war abends oft mit Freunden unterwegs, was den Täterkreis nicht gerade einschränkte.

Magdalena Schreiber hingegen war eher der häusliche Typ. Sie arbeitete tagsüber in der Bank und hielt sich abends meist mit ihrem Freund in der gemeinsamen Wohnung auf. Die beiden gingen nur selten aus. Insofern glichen sich die beiden Opfer also nicht. Und auch im Aussehen unterschieden sie sich deutlich. Während Frauke Manstein groß, schlank und sportlich war, war Magdalena Schreiber von eher zierlicher Figur. Frauke Manstein war, zumindest bis zur Tat ein fröhlicher, extrovertierter Typ gewesen, wohingegen Magdalena Schreiber eher schüchtern und zurückhaltend gewesen war. Beide Frauen hatten nur eines gemeinsam: Sie waren beide außergewöhnlich hübsch.

Schaper ging davon aus, dass die Frauen keine Zufallsopfer waren. Der Täter hatte zugeschlagen, als beide am verwundbarsten gewesen waren. Frauke Manstein ging jeden Morgen um die gleiche Zeit zum Joggen in den Stadtpark, und Magdalena Schreiber traf sich einmal die Woche mit ihren Freundinnen. Genau wie an dem Tag, als sie überfallen wurde.

Schaper versuchte herauszufinden, was die beiden Frauen an den Tagen vor den Überfällen getan hatten. Magdalena Schreiber gab an, dass sie in der letzten Zeit häufig in dem ihrer Wohnung nahe gelegenen Einkaufszentrum gewesen sei. Sie und ihr Freund hatten einen gemeinsamen Urlaub geplant und sie war auf der Suche nach der passenden Urlaubsgarderobe. Schaper schöpfte Hoffnung – vielleicht war der Täter ja in diesem Einkaufszentrum zu suchen –, doch hier ergab sich leider keine Parallele. Frauke Manstein gab an, in den letzten Wochen vor der Vergewaltigung kaum noch etwas unternommen zu haben, da sie mitten im Examen steckte und sich nur die Zeit zum Laufen genommen hatte. Sie sei schon seit Wochen nicht mehr im Einkaufszentrum gewesen.

Als der Täter zehn Tage später ein drittes Mal zuschlug, geriet die Situation außer Kontrolle. Es gab ein erstes Todesopfer zu beklagen.

Die 25-jährige Antje Nansen wurde tot am Elbstrand gefunden. Ihre Leiche lag, vor den Augen harmloser Spaziergänger auf den ersten Blick verborgen, zwischen dichtem Buschwerk versteckt. Eines Morgens führte jedoch ein Anwohner seinen Hund spazieren, der plötzlich anfing zu bellen und sein Herrchen zu der Leiche führte.

Antje Nansen war erwürgt worden. Sie hatte Abwehrverletzungen an beiden Unterarmen. Es war offensichtlich, dass sie sich heftig gewehrt hatte. Außerdem waren ihr Nasen-, ein Jochbein und mehrere Rippen gebrochen. Eine Rippe hatte die Lunge durchbohrt. Der Täter hatte Frau Nansen allem Anschein nach erst bewusstlos geschlagen und dann erwürgt. Bisher hatte er alle seine Opfer von hinten überfallen. Es war kaum anzunehmen, dass er seine Taktik geändert hatte, also hatte sich dieses Opfer wahrscheinlich während des Kampfes auf den Rücken gedreht. Antje Nansen war vergewaltigt worden. Aufgrund ihrer Verletzungen ging der Rechtsmediziner davon aus, dass sie zu diesem Zeitpunkt noch am Leben gewesen war, und der Täter sie erst hinterher getötet hatte. Schaper lief es eiskalt den Rücken hinunter. Obwohl der Täter bekommen hatte, was er wollte, hatte er sie getötet. Es stellte sich die Frage, ob er sich damit einen größeren Kick verschaffen wollte, weil der Akt der Vergewaltigung allein nicht mehr ausreichte, ihn zu befriedigen, oder ob er in diesem Fall nur aus Angst gehandelt hatte, erkannt worden zu sein. Die Kriminalbeamtin beschloss, einen Psychologen zu Rate zu ziehen.

Dr. Vera Nagel studierte die Akten eingehend. Antje Nansen hatte als Grafikdesignerin in der Werbebranche gearbeitet. In ihrer Freizeit hatte sie sich um unfallgeschädigte Kinder gekümmert. Parallelen zu den anderen Opfern bestanden in diesem Bereich also nicht.

Am Abend ihres Todes war Antje Nansen mit Freunden auf einer Party in einem der neu eröffneten Beach-Clubs am Elbstrand gewesen. Keiner dieser Freunde konnte sagen, wann genau Antje gegangen war. Ob und, wenn ja, wie lange der Mörder Frau Nansen vor seiner Tat beobachtet hatte, war schwer zu sagen. Anders als bei den vorangegangenen Opfern hatte er hier bei einem einmaligen Ereignis zugeschlagen, das nichts mit den Gewohnheiten der Toten zu tun hatte. Wahrscheinlich hatte er die Gelegenheit einfach beim Schopf gepackt.

Allerdings hatte er dieses Mal Spuren hinterlassen: In der Nähe der Leiche hatten die Techniker der Spurensicherung eine Mütze gefunden. Möglicherweise hatte Antje Nansen sie ihrem Peiniger während des Kampfs vom Kopf gerissen, und da der Täter sie im Dunkeln nicht wiederfinden konnte, hatte er sie am Tatort zurückgelassen.

Die Mütze war eine reine Fundgrube. Dutzende von Haaren konnten auf dem Stoff sichergestellt werden, allerdings besaßen sie alle keine Haarwurzel, so dass eine normale DNA-Analyse, wie sie an Speichel-, Sperma- oder Blutproben vorgenommen wird, mit ihnen nicht durchgeführt werden konnte. Man konnte jedoch das Haar an sich untersuchen.

Grundsätzlich kann man lose Haare nicht so einfach einem bestimmten Menschen zuordnen. Man kann lediglich sagen, dass die Struktur eines bestimmten Haars einer Vergleichsprobe sehr ähnlich ist. Allerdings, und das ist das Entscheidende, nimmt ein Haar die Chemikalien auf, die sich zur Zeit seines Wachstums im Körper befinden. Ein Haar ist, simpel ausgedrückt, ein fadenartiges Gebilde, das in der Hauptsache aus Kreatin besteht. Kreatin wiederum ist ein schwefelhaltiges Strukturprotein, das Horngewebe bildet, und Proteine sind Eiweiße, die zu den wichtigsten Bausteinen des Lebens gehören. Alles in allem sind Haare also abgestorbene, in Horn umgewandelte Eiweißstränge. Und in diesen sammeln sich, während das Haar wächst, all jene Chemikalien, die der Körper seines Trägers während des Haarwachstums aufnimmt.

Genau darauf achteten die Labortechniker bei ihrer Analyse. Es stellte sich heraus, dass die an der Mütze sichergestellten Haare mit bleihaltigen Aerosolen behaftet waren. Diese umweltbelastenden Teilchen können in flüssiger oder fester Form auftreten und sind häufig im Umkreis von Geschäften zu finden, in denen Fahrzeugersatzteile vertrieben, Fahrzeugreparaturen vorgenommen und vor allem Autobatterien aufgeladen werden.

Es war anzunehmen, dass der Mörder in solch einer Firma arbeitete und daher regelmäßig mit Aerosolen in Kontakt kam. Scharper mutmaßte, dass er auch seine Opfer in dieser Firma zum ersten Mal gesehen hatte. Das Problem war, dass Frauke Manstein kein Fahrzeug besaß, und somit keinen Grund gehabt hätte, ein solches Geschäft aufzusuchen.

Dr. Nagel versuchte anders an die Sache heranzugehen. Der Mörder musste nicht unbedingt in seinem eigenen Umfeld auf seine Opfer aufmerksam geworden sein, vielleicht war er auch in ihren Lebensbereich eingedrungen und war ihnen beispielsweise an ihren jeweiligen Arbeitsstätten oder während ihrer Freizeitverrichtungen begegnet. In jedem Fall musste es ein Ort sein, der jedermann zugänglich war und wo ein Einzelner nicht besonders auffiel, ein Ort, an dem der Täter die Möglichkeit hatte, mit der Menge zu verschmelzen.

Dr. Nagel und Kriminalkommissarin Schaper betrachteten sich die Lebensläufe der drei Opfer daraufhin noch einmal genau. Frauke Manstein war Medizinstudentin, und es war sicher leicht, sie zufällig auf dem Campus zu entdecken und dort unauffällig und unerkannt zu beobachten. In dieses Bild passten die anderen Opfer jedoch nicht hinein. Antje Nansen war Grafikdesignerin und ihre Wirkungsstätte war überschaubar. Blieb nur noch Magdalena Schreiber. Sie arbeitete in einer Bank. Damit kamen die Ermittlerinnen der Sache schon näher. In einer Bank herrscht reges Kommen und Gehen, und solange kein besonderer Grund dafür vorliegt, achtet dort niemand besonders auf die Kundschaft.

Weitere Anhaltspunkte zur Person des Täters zog Dr. Nagel aus der Art und Weise, wie dieser seine Überfälle ausgeführt hatte. Zumindest seine ersten beiden Opfer hatte er ganz sicher von hinten überfallen und sich ihnen nicht gezeigt. Er hatte kein Wort gesprochen und mit dem Klebeband, das er seinen Opfern über die Augen geklebt hatte, dafür gesorgt, dass sie ihn, selbst wenn sie sich umdrehen sollten, nicht sehen würden. Die Psychologin vermutete, dass er dies nicht getan hatte, um sich einen besonderen Kick zu verschaffen, sondern weil es irgendetwas an ihm gab, das er hatte verbergen wollen. Verschiedene Details im Ablauf der Überfälle ließen darauf schließen, dass er sich aufgrund eines körperlichen Makels nicht traute, Frauen offen gegenüberzutreten. Wahrscheinlich hatte er aufgrund dieses Makels schon früh Ablehnung erfahren. Höchstwahrscheinlich hatte der Täter einen schweren Sprachfehler, der entweder durch eine Hasenscharte bedingt war oder sich in starkem Stottern äußerte. Da er seinem ersten Opfer eine Zeit lang hinterhergejoggt war, war anzunehmen, dass er zumindest keine Behinderung hatte, die ihn in seiner Bewegungsfreiheit einschränkte. Möglicherweise aber war er in irgendeiner Form entstellt. Dr. Nagel vermutete, dass er nach außen hin höflich und sogar schüchtern auftrat. Sie schlug Schaper vor, nachzuprüfen, ob Frauke Manstein und Antje Nansen bei der Bank, in der Magdalena Schreiber arbeitete, ein Konto unterhielten beziehungsweise unterhalten hatten.

Schaper machte sich sofort an die Arbeit und konnte Dr. Nagels Vermutung auch bald verifizieren: Es stellte sich heraus, dass Manstein und Nansen tatsächlich bei der Bank ein Konto hatten, bei der Schreiber arbeitete. Endlich war der Durchbruch in den Ermittlungen da.

Schaper und Dr. Nagel statteten Magdalena Schreiber einen Besuch ab und befragten sie zu Kunden, die ihr in der Vergangenheit aufgefallen waren, besonders durch körperliche Gebrechen oder Sprachprobleme. Nach einigem Überlegen erinnerte sich Schreiber an einen etwa 30-jährigen Mann, der seit ungefähr einem Vierteljahr Kunde bei ihrer Filiale war. Er stottere sehr stark, erklärte sie, so dass er oft Schwierigkeiten habe, sich verständlich zu machen. Außerdem habe er eine Brandnarbe, die fast die Hälfte seines Gesichts einnahm. Schreiber habe dieser Mann immer Leid getan, und sie sei daher immer recht freundlich zu ihm gewesen, was ihr nicht schwer gefallen sei, da er immer sehr höflich und zurückhaltend gewesen sei. An den Namen könne sie sich nicht erinnern, da er nicht all zu oft an ihren Schalter gekommen war, aber sie war sicher, dass einer ihrer Kollegen wusste, wie dieser Mann hieß.

Von den Angestellten der Bankfiliale, in der Schreiber arbeitete, erhielt Scharper kurz darauf tatsächlich einen Namen: Markus Hinnerich. Der Rest war Routine. Wohnanschrift und Arbeitsstelle waren schnell ermittelt. Hinnerichs arbeitete tatsächlich in einer Werkstatt, die einem Autoteilehändler angeschlossen war. Schaper beschloss, ihn direkt dort aufzusuchen. Schon als er sie in Begleitung eines Kollegen kommen sah, schien er aufzugeben. Noch bevor sich die Kommissarin richtig vorgestellt und den Grund ihres Besuchs genannt hatte, gab er alles zu.

Er stotterte so stark, dass sie ihn zunächst kaum verstand.

Erst später, als er ihr an ihrer Dienststelle gegenüber saß, konnte er sich ein wenig beruhigen. Zunächst äußerte er Erleichterung darüber, dass man ihn gefunden hatte. Er hätte von selbst nicht mehr aufhören können, Frauen zu vergewaltigen. Er war sichtlich erleichtert, sich endlich jemandem öffnen zu können, und begann zu erzählen.

Als Kind habe er bei einem Brand in der Wohnung seiner Eltern schwerste Verbrennungen davongetragen. Sein nunmehr unansehnliches Äußeres habe ihn sehr unsicher gemacht, er habe zu stottern begonnen und sich immer mehr von anderen zurückgezogen. Das Mitleid und leider auch den Spott der anderen habe er nicht ertragen können. Deswegen habe er auch nie eine Freundin gehabt. Die meisten Frauen fühlten sich von seinem Äußeren abgestoßen, und nicht wenige hatten sich über sein Stottern lustig gemacht. Immer wenn er den Versuch gewagt hatte, sich mit einer Frau zu verabreden, wurde er mit fadenscheinigen Entschuldigungen und, wie er es empfand, faulen Ausreden abgewiesen. Im Laufe der Jahre hatte er daher einen starken Hass auf Frauen entwickelt, weil sie ihn einerseits bemitleideten, andererseits aber auch immer wieder abwiesen.

Als er Frauke Manstein eines Tages in der Schalterhalle seiner Bank gesehen hatte, hatte das Verhängnis seinen Lauf genommen. Er hatte zunächst nicht vorgehabt, ihr etwas anzutun, sondern sie lediglich beobachten wollen, um vielleicht irgendwann den Mut aufzubringen, sie anzusprechen. Er war ihr wochenlang gefolgt, ohne dass sie etwas davon gemerkt hatte. Dabei hatte er sie mit ihren Freunden oder an der Uni beobachtet; er hatte sozusagen jede freie Minute mit ihr verbracht. Dabei war er mehr und mehr von dem Gedanken abgerückt, sie anzusprechen. Er hatte sich damit begnügt, sie zu beobachten, oder, wie er es ausdrückte, zu bewachen. Irgendwann war ihm jedoch der Verdacht gekommen, dass sie seine ständige Anwesenheit bemerkt hatte. Sie hatte mit einer Freundin in einem Café gesessen, getuschelt und plötzlich laut zu lachen angefangen. Da war er sicher gewesen, dass sie ihn gemeint hatte, und hatte den Entschluss gefasst, ihr das Lachen auszutreiben. Er kannte sie zu diesem Zeitpunkt gut genug, um zu wissen, wann er sie allein erwischen konnte. Daher hatte er ihr eines Tages im Stadtpark aufgelauert und sie überfallen. Da er befürchtet hatte, dass sie ihn würde identifizieren können, hatte er sie von hinten angegriffen und ihr sofort die Augen verklebt. Um sich auch durch sein Stottern nicht zu verraten, hatte er kein Wort gesagt.

Die Macht, die er anscheinend plötzlich über die Frauen besaß, hatte er genossen. Er hatte sich nicht mehr abgewiesen und verspottet gefühlt. Das anfängliche Entsetzen über seine Tat hatte sich bald in Gefallen gewandelt. Magdalena Schreiber sollte sein zweites Opfer werden. Auch sie hatte ihn immer mit mitleidiger Herablassung behandelt, daher sollte auch sie bestraft werden. Wie bei seinem ersten Opfer stieß er bei ihr auf keinerlei Widerstand.

Bei Antje Nansen sah die Sache anders aus. Sie wehrte sich so heftig, dass er in Schwierigkeiten kam. Er hatte sich bereits daran gewöhnt, dass die Frauen sich nicht wehrten und Antje war sehr kräftig gewesen. Da er nicht wusste, wie er darauf reagieren sollte, hatte er sie geschlagen, bis sie sich nicht mehr rührte. Dann hatte er sie vergewaltigt. Plötzlich war ihm das aber nicht mehr genug. Frauen wie Antje sollten lernen, dass man sich gegen ihn nicht zu wehren hatte. Daher hatte er sie erwürgt. Hinnerich hatte seine Tat in diesem Moment nicht als Mord betrachtet, sondern als Exempel, als abschreckendes Beispiel für andere Frauen.

Nach diesem Geständnis hat Hinnerich sich nie mehr zu seinen Taten geäußert, auch nicht vor Gericht. Da man es als erwiesen ansah, das er aus niederen Beweggründen getötet hatte, wurde er zu lebenslanger Haft verurteilt. Frauke Manstein hat die Tat nie verwunden. Sie nahm sich noch vor dem Prozessbeginn das Leben.

Haare

Da sie zu den so genannten Kontakt- oder Übertragungsspuren gehören, zählen Haare ebenso wie Fasern zu den wichtigsten erkennungsdienstlichen Spuren. Besonders bei Vergewaltigungsfällen wird immer wieder auf sie zurückgegriffen.

Haar- und Faserspuren unterscheiden sich vor allem durch ihre Sichtbarkeit. Faserspuren sind textile Mikrospuren, die für das menschliche Auge unsichtbar sind; Haarspuren hingegen zählen zu den Makrospuren, sie können auch mit bloßem Auge entdeckt werden.

Haarspuren kann ein Täter nur schwer vermeiden, aber oft kommt es zu einer so genannten diffusen Verteilung. Haare rutschen besonders auf glatten Flächen leicht ab und verteilen sich in dann der näheren Umgebung. Haarspuren zu finden und deren Ursprung zu ermitteln erfordert somit einiges an Fachkenntnis.

Auch die Auswertung und der Vergleich von Haarspuren wollen gelernt sein. Wie bereits erwähnt, setzt irgendwann bei jeder Haarwurzel ein Abbauprozess ein, während dessen die Wurzel verkümmert und das Haar ausfällt. Diese Phase nennt man Telogenphase. Während der entgegengesetzten Wachstumsphase, der so genannten Anagenphase, muss ein Haar hingegen geradezu gewaltsam ausgerissen werden, um sich von der Kopfhaut zu trennen. Wenn bei einem Opfer Fremdhaare sichergestellt werden, ist erst einmal zu klären, ob es sich um Anagen- oder Telogenhaare handelt. Das ist besonders wichtig, wenn es eine Vergleichsspur gibt, denn um beweiskräftige Ergebnisse zu erzielen, darf man Telogenhaare nur mit Telogenhaaren und Anagenhaare nur mit Anagenhaaren vergleichen.

Haare wachsen monatlich im Durchschnitt um etwa einen Zentimeter. Es existiert noch immer der Irrglaube, dass das Haar eine gewisse Zeit nach dem Eintritt des Todes weiter wächst. Dem ist jedoch nicht so. Nach dem Tod eines Menschen schrumpft allerdings die Haut, und das erzeugt oftmals die Illusion, dass die Haare gewachsen seien.
Neben ihrem erkennungsdienstlichen Nutzen sind Haare auch hervorragende Beweismittel in Fällen von Drogen- und Medikamentenmissbrauch, zudem können sie Rechtsmediziner bei der Ermittlung von Todesursachen behilflich sein. Sie sind nämlich ein phantastischer Langzeitspeicher für Drogen, Medikamente und Gifte.

7. Kapitel

Trickbetrüger in Flensburg

Trickbetrüger kennen keine Saison. Sie haben immer Hochkonjunktur und gerade ältere Menschen fallen ihnen regelmäßig zum Opfer.

Oberkommissar Walter Bernstein hatte im Frühjahr 2001 mit einer Serie von Trickbetrug in Flensburg zu kämpfen, bei der genau diese Tatsache ausgenutzt wurde. Die Opfer waren ausnahmslos ältere Menschen. Die Täter gingen immer nach demselben Schema vor. Sie klingelten bei ihren Opfern und gaben sich als Mitarbeiter der Deutschen Post AG, Abteilung Rentenservice, aus. Unter dem Vorwand, die Rente der betreffenden Personen zu deren Vorteil neu berechnen zu wollen, verschafften sie sich Einlass in deren Wohnungen. Während einer anschließenden Scheinberatung wurden die Opfer gebeten, nach und nach immer mehr Unterlagen vorzulegen. In der Zeit, in der die Opfer die Zimmer verließen, um die entsprechenden Dokumente zu holen, suchten die Täter nach Wertgegenständen, Schmuck und vor allem nach Geld, und sie wurden meist fündig, da die alten Leute kurz vor dem Besuch der Betrüger immer bei der Bank gewesen waren. Bernstein vermutete daher, dass sich die Täter bei den jeweiligen Banken auf die Lauer gelegt und auf alte

Leute gewartet hatten. Diese beobachteten sie dann während ihrer Bankgeschäfte gründlich. So konnten sie genau entscheiden, bei wem sich ein »Fischzug« lohnte und bei wem nicht. Allerdings gingen die Täter klug genug vor, die jeweiligen Banken nicht zweimal in Folge auszuspionieren. Sie wechselten ständig den Ausgangsort ihrer Raubzüge und entzogen sich somit einem gezielten Zugriff durch die Polizei. Obwohl die Beamten zahlreiche Warnungen in den Medien veröffentlichten, fielen den Betrügern nach und nach immer mehr Menschen zum Opfer.

Im Allgemeinen kamen die alten Leute mit dem Schrecken davon. Umso entsetzter war Bernstein, als der erste Todesfall zu beklagen war. Er befürchtete, dass die Betrugsserie nun eine neue Qualität erreicht hatte. Das Opfer war der 93-jährige Johann Döbel.

Am Morgen des 26. April 2001 fiel einem von Döbels Nachbarn auf, dass dessen Wohnungstür nur angelehnt war. Er klopfte an und rief laut nach Döbel. Als er keine Antwort bekam, trat er ein und fand den alten Mann leblos auf dem Boden liegend vor. Der herbeigerufene Notarzt konnte nur noch dessen Tod feststellen.

Angesichts der Verletzungen des Mannes hätte man leicht von einem natürlichen Tod ausgehen können. Johann Döbel war anscheinend gestürzt und war mit der Schläfe auf eine Ecke seines gläsernen Couchtisches aufgeschlagen. Allerdings kamen dem Notarzt einige Umstände verdächtig vor. Nicht nur dass die Wohnungstür des Toten beim Auffinden der Leiche offen gestanden hatte, die Wohnung schien zudem hastig durchsucht worden zu sein, und die Geldbörse des Verstorbenen lag leer auf dem Fußboden. Auf Veranlassung des Arztes wurde daher die Polizei hinzugezogen.

Als Walter Bernstein am Tatort eintraf, war für ihn sofort offensichtlich, dass in der Wohnung des Toten ein Verbrechen begangen worden war. Die Techniker der Spurensicherung waren bereits vor Ort und konnten auch schon eine erste Erfolgsmeldung verzeichnen: Auf dem Wohnzimmertisch, in der Nähe der Stelle, an der der alte Mann mit dem Kopf aufgeschlagen war, hatten sie den kompletten Abdruck einer linken Hand sicherstellen können. Dieser setzte sich aus einer Mischung von Schweiß, Harnstoff, Talg und Aminosäuren zusammen; die Haut- oder Fingerlinien, die er sichtbar machte, werden grob in Bogen-, Schleifen und Wirbelmuster unterteilt. Der Abdruck, den Bernstein hier vor sich hatte, sah aus, als käme er direkt aus einem Lehrbuch. Er konnte kaum glauben, dass es einen Täter gab, der einen so deutlichen Abdruck hinterließ. Daher ordnete er an, den Toten ebenfalls auf Fingerspuren zu untersuchen.

Die Sicherung von an Gegenständen haftenden Hand- oder Fingerabdrücken ist verhältnismäßig einfach. Dazu wird mit einem speziellen Pinsel, einem so genannten Magna Brush, Magnetpulver über den Abdruck gestäubt. Winzige Teile dieses Pulvers bleiben am Abdruck haften, der Rest kann mit einem Magnet entfernt werden. Der nun sichtbare Abdruck wird mit einem speziellen Klebestreifen, ähnlich dem normalen Haushaltsklebeband, von der Oberfläche, auf dem er haftet, abgenommen. An mutmaßlichen Mordopfern werden Fingerspuren anders gesichert. Hierfür wird Jod mit anderen Chemikalien gemischt und zum Verdampfen gebracht. Dieser Dampf wird über den Körper des Opfers geblasen und reagiert mit jeder eventuell vorhandenen Hand- oder Fingerspur. Aufgrund des Fäulnisprozesses kann diese Methode der Spurensuche bei Leichen, die älter sind als fünf Tage, nicht mehr angewandt werden. Im Falle Johann Döbel war dies jedoch kein Problem, da er laut Angaben des Rechtsmediziners erst etwa 20 Stunden vor seinem Auffinden verstorben war. Und es war gut, dass man die Untersuchung durchführte, denn an der linken Halsseite des Toten fanden sich drei Fingerabdrücke, die vermutlich von einer rechten Hand stammten.

Bernstein entwickelte angesichts dieser Tatsache eine auf den ersten Blick abenteuerlich anmutende Theorie: Er ging davon aus, dass Döbels Tod ein Unfall gewesen war. Dies schien ihm eindeutig, sobald er die Lage der Leiche mit dem Handabdruck auf dem Tisch und den Fingerspuren am Hals der Leiche in Beziehung gebracht hatte. Döbel war Bersteins Theorie zufolge versehentlich gestürzt, als der Betrüger in seiner Wohnung war. Als er reglos am Boden lag, hatte sich der Täter mit einer Hand auf dem Tisch abgestützt und mit der anderen versucht, den Puls des Alten zu fühlen. Nach Angaben des Rechtsmediziners hatte die Kopfverletzung Döbel sofort getötet. Das hatte wahrscheinlich auch der Täter erkannt, der daraufhin fluchtartig die Wohnung verlassen hatte, ohne zu bemerken, dass er die Tür nicht richtig geschlossen hatte.

Die erste Euphorie, einen Handabdruck gefunden zu haben, verebbte sehr schnell. Zu dem Abdruck besaß die Polizei bislang keine Vergleichsprobe. Eine Nachfrage beim Bundeskriminalamt in Wiesbaden blieb ergebnislos. Der Täter war demnach bisher polizeilich noch nicht aufgefallen.

Erneut wandte sich Bernstein an die Öffentlichkeit. Dieses Mal verschärfte er die Warnmeldungen und verschwieg auch nicht, dass es bereits zu einem Todesfall gekommen war. Nunmehr schienen die Warnungen auf fruchtbaren Boden zu fallen, weitere Betrugsfälle wurden zumindest nicht gemeldet. Im Fall Döbel brachte Bernstein das allerdings nicht weiter.

Zehn Tage nach dem Tod des alten Mannes nahm die Polizei vier Männer fest, die sich auffällig verhalten hatten. Drei davon waren bereits geraume Zeit von zwei zivilen Polizeistreifen beobachtet worden, bevor sie in ein Taxi stiegen. Mit diesem wollten sie jedoch offensichtlich nirgendwohin fahren, denn sie unterhielten sich lediglich 15 Minuten lang mit dem Fahrer. Als sie wieder aussteigen, wurden sie von den Beamten, die sie beobachtet hatten, angesprochen. Die jungen Männer, alle zwischen 21 und 25 Jahre alt, konnten sich ausweisen. Sie stammten alle aus verschiedenen Städten, und einer von ihnen, der 24-

jährige André Weiß, trug ein dickes Bündel Banknoten bei sich. Den Polizisten, die ihn darauf ansprachen, erklärte er, das Geld verdient beziehungsweise zum Teil geschenkt bekommen zu haben. Genauer konnte oder wollte er sich dazu nicht äußern. Die Polizisten vermuteten, Zeugen eines Drogendeals geworden zu sein, und beschlossen, das Fahrzeug gegen den Protest des Taxifahrers zu durchsuchen. Und sie wurden fündig. Unter den Rücksitzen sowie unter dem Beifahrersitz fanden sie Hohlräume, in denen Schmuck gelagert war. Weder die drei jungen Männer noch der Taxifahrer konnten zufriedenstellend erklären, wo dieser Schmuck herkam und warum er im Taxi versteckt wurde. Die Polizisten nahmen die vier Männer daher vorläufig fest und stellten das Taxi sicher. Auf dem nächsten Polizeirevier wurden die Personalien der Verhafteten erneut überprüft. Es stellte sich heraus, dass es sich bei zwei der jungen Männer um so genannte reisende Trickbetrüger handelte, die durch die gesamte Republik reisten und Straftaten begingen. Noch bevor ihnen die Polizei auf die Spur kommen konnte, waren sie wieder verschwunden und trieben ihr Unwesen in einer anderen Stadt. Der Dritte im Bunde, André Weiß, schien ein unbeschriebenes Blatt zu sein. Ebenso der Taxifahrer. Auch er war polizeilich bisher nicht in Erscheinung getreten. Er war selbstständiger Taxiunternehmer und weigerte sich, sich zu den Funden in seinem Fahrzeug und den gegen ihn erhobenen Vorwürfen zu äußern.

Doch auch ohne seine Aussage fanden die Beamten rasch heraus, dass es sich bei den sichergestellten Schmuckstücken um Diebesgut handelte, das fast ausnahmslos aus den Überfällen der Trickbetrüger auf die älteren Mitbürger stammte, die in den vergangenen Wochen in der Stadt verübt worden waren. Da André Weiß und der Taxifahrer im Gegensatz zu den beiden anderen Männern polizeilich bisher noch nicht in Erscheinung getreten waren, wurden sie zum Erkennungsdienst gebracht, wo ihre Fingerabdrücke genommen werden sollten.

Die Abnahme von Fingerabdrücken ist ein denkbar simples Verfahren. Hierfür werden die Finger mit einer Art Druckerschwärze gefärbt und auf einem eigens für diesen Zweck vorgesehenen Formular sorgfältig abgerollt. So wird sichergestellt, dass kein Teilmuster verloren geht.

Bei beiden Personen diente dieser Vorgang lediglich zur Archivierung und Erstellung einer entsprechenden Akte. Als die Fingerabdrücke jedoch in das Automatisierte Fingerabdruckidentifizierungssystem (AFIS) eingespeist wurde, stellte sich heraus, dass nach einem der Sätze bereits gefahndet wurde. Die Fingerabdrücke von André Weiß waren bereits im Mordfall Johann Döbel archiviert worden. Allerdings hatte man damals noch nicht gewusst, zu wem sie gehörten.

Der Fall hatte nun eine dramatische Wendung genommen. Weiß wurde sofort der Mordkommission überstellt und saß wenig später Oberkommissar Walter Bernstein gegenüber. Zunächst stellte Weiß sich stur. Er erzählte Bernstein, dass er die anderen Männer, die mit ihm verhaftet worden waren, gar nicht richtig kenne und sie erst am selben Abend rein zufällig kennen gelernt habe. Man habe gemeinsam beschlossen, eine Diskothek aufzusuchen, sei zu diesem Zweck in ein Taxi gestiegen, als plötzlich die Beamten aufgetaucht seien, die sie zunächst überprüft und dann verhaftet hätten. Was es mit dem Schmuck auf sich habe, der in dem Taxi sichergestellt worden war, wisse er nicht.

Als Bernstein Weiß die Fingerabdruckanalyse vorlegte, bröckelte jedoch die Selbstsicherheit des jungen Mannes. Schließlich brach er unter Tränen zusammen und legte ein umfassendes Geständnis ab.

Er gab zu, zu der Gruppe der reisenden Trickbetrüger zu gehören. Vor etwa neun Monaten sei er über seinen Cousin dazugekommen. Er gab zu, zusammen mit den beiden anderen Männern, mit denen er ins Taxi gestiegen war, für die betrügerischen Überfälle der letzten Wochen verantwortlich zu sein. Sie hatten ältere Leute bei Banken und Sparkassen beobachtet, um herauszufinden, wer von ihnen einen größeren Betrag abhob. Hatten sie eine solche Person gefunden, sei einer aus der Gruppe dem Opfer bis nach Hause gefolgt, habe einen Moment gewartet und dann geklingelt. Als die alten Leute gesagt bekamen, dass man ihre Rente neu berechnen wolle, waren sie in der Regel bedenkenlos in die Wohnung gelassen worden. In einzelnen Fällen habe es zwar Probleme gegeben, aber dann habe man das Vorhaben fallen lassen. Aus den Wohnungen habe man jeweils nur Bargeld und Schmuck mitgenommen. Das Geld hatten die jungen Männer unter sich aufgeteilt, der Schmuck wurde verkauft. Zu diesem Zweck hatte man sich an einen Mittelsmann gewandt, der einen Käufer fand, einen Preis aushandelte und die Ware dann übernahm. In Flensburg sei dies der mit ihnen zusammen verhaftete Taxifahrer gewesen.

Bis zu dem Überfall auf Johann Döbel sei alles glatt gegangen. Und auch hier sei zunächst alles nach Plan verlaufen. Der alte Mann habe ihn widerspruchslos in seine Wohnung gelassen, wo er, André, sein übliches Programm abgespult habe. Immer wenn Döbel das Zimmer verlassen hatte, hatte er nach Geld und dem Schmuck gesucht. Als er gerade alles gefunden hatte, was er suchte, stand unerwartet der alte Mann hinter ihm. Weiß hatte ihn nicht kommen hören. Als Döbel einen Schritt auf ihn zu gemacht hatte, war er in Panik geraten und hatte den alten Man von sich weggestoßen. Dabei hatte Döbel das Gleichgewicht verloren, war gefallen und mit dem Kopf auf den Wohnzimmertisch aufgeschlagen. Weiß hatte einen Moment gewartet, um zu sehen, ob Döbel wieder zu sich kommt. Als dies nicht geschah, hatte er den Puls am Hals des alten Mannes gesucht. Dabei müsse er sich wohl auf der Tischplatte abgestützt haben, erklärte Weiß, erinnern könne er sich daran jedoch nicht. Was er hingegen nie vergessen werde, sei seine Panik, die eingetreten war, als er bei Döbel keinen Plus mehr feststellen konnte. Er habe einen Riesenschreck bekommen und überstürzt das Haus verlassen.

Immer wieder beteuerte Weiß, dass er nie vorgehabt hatte, dem alten Mann etwas anzutun.

Das Gericht erkannte Weiß' Reue an und verurteilte ihn lediglich zu vier Jahren Haft. In einem gesonderten Verfahren wurden er und seine Mittäter wegen Betruges zu einer Freiheitsstrafe von jeweils einem Jahr und neun Monaten verurteilt.

Der Taxifahrer verlor seinen Taxenschein und ist heute arbeitslos.

8. Kapitel

Massengrabfund in einer Baugrube

Der niedersächsische Ort Winsen an der Luhe hat in den vergangenen 30 Jahren erheblich an Bedeutung gewonnen. Durch seine Nähe zu Hamburg und seinen ländlichen Charme ist er zu einem begehrten Wohnort geworden. Viele Hamburger haben im Laufe der Jahre die Großstadt verlassen und sind in diese idyllische Gegend gezogen.

Noch heute profitieren auch die umliegenden Dörfer von dieser Entwicklung. Zahlreiche Neubaugebiete und Schulen sind hier wie Pilze aus dem Boden geschossen. Auch wenn die Grundstückspreise rasant nach oben gegangen sind, tut das dieser Entwicklung keinen Abbruch. Noch immer zählt die Gegend um Winsen zu einem der beliebtesten Rückzugsgebiete stadtscheu gewordener Hamburger.

In einem der kleinen Dörfer rund um die Kreisstadt Winsen fanden im Juni 2004 Ausschachtungsarbeiten für das Fundament einer neuen Reihenhaussiedlung statt.

Dabei stießen die Bauarbeiter auf einen menschlichen Schädel. Sofort wurden die Arbeiten eingestellt und die Polizei gerufen.

Die Meldung erreichte den Dienst habenden Beamten der Winsener Kriminalpolizei, Andreas Thalbach, der unverzüglich die Spurensicherung benachrichtigte und sich zum Fundort begab. Bereits wenige Minuten nachdem die Kriminalisten ihre Arbeit aufgenommen hatten, fanden sie einen weiteren Schädel. Zunächst vermutete Thalbach, dass die Bauarbeiter auf einen alten Friedhof gestoßen seien, jedoch fand man zu den Schädeln keine Skelette und auch keine Überreste von Särgen.

Nach ungefähr drei Tagen hatte das Team der Spurensicherung acht menschliche Schädel ausgegraben. Erst am entgegengesetzten Ende des Grundstückes fand man die dazugehörigen Skelette. So wie sie aussahen, schien es, als habe man versucht, sie zu verbrennen, was jedoch nicht gelungen war. Daher hatte man sie einfach verscharrt. Im Gegensatz zu den Schädeln, die an unterschiedlichen Stellen gelegen hatten, waren die Skelette zusammen verscharrt worden.

Thalbach ließ die menschlichen Überreste zur Analyse in das Institut für Rechtsmedizin in Hannover überführen. Er selbst versuchte unterdessen, mehr über den ehemaligen Besitzer des Grundstückes herauszufinden, auf dem die Skelette gefunden worden waren. Er wandte sich dazu an Winfried Herbst vom Gemeindevorstand. Dieser erklärte, dass das Grundstück bereits in den vergangenen Jahren der Gemeinde gehört habe. Man hatte die ehemalige Weide lange Zeit als Festwiese benutzt, sich jedoch, als der Bedarf an Baugrundstücken immer größer geworden war, dazu entschlossen, das Grundstück in Bauland umzuwandeln.

Thalbach erfuhr, dass das Grundstück ursprünglich einem Bauern namens Hinnerk Jansen gehört hatte. Dieser sei jedoch schon seit vielen Jahren tot. Thalbach könne sich jedoch mit den Erben in Verbindung setzen, erklärte Herbst. Diese lebten noch immer im Ort in einem alten Hof und könnten dem Beamten vielleicht weiterhelfen.

Thalbach tat, wie ihm geheißen, und wandte sich an Familie Jansen. Nicht nur der alte Bauer war mittlerweile verstorben, sondern auch seine Ehefrau, und so sprach Thalbach mit dem ältesten

Sohn der ehemaligen Grundstücksbesitzer, Günther Jansen, der mit seiner Familie auf dem mittlerweile renovierten Hof lebte. Dieser erzählte, dass sein Vater den Fundort der Skelette schon nicht mehr für die Landwirtschaft genutzt hatte, solange er denken konnte. Er selbst habe mit seinen Geschwistern dort gespielt bis, so Jansen wörtlich, »diese Leute gekommen waren«.

Thalbach wollte wissen, was Jansen damit meine. Dieser erklärte, dass vor ungefähr 25 Jahren eine Gruppe seltsamer Leute im Dorf auftaucht waren. Zunächst hatten sie am Rande des Dorfs in Zelten gelebt, bis sie schließlich einen verlassenen Resthof gemietet hatten, der direkt an das Grundstück der Jansens anschloss. Dieser Resthof hatte aus nichts als einem halb verfallenen Haupt- und drei nicht minder beschädigten Nebengebäuden bestanden. Der ursprüngliche Besitzer hatte die Gebäude eigentlich abreißen wollen, es sich aber anders überlegt, als ihm die Fremden Mietgeld dafür geboten hatten.

Nachdem diese Leute sich eingerichtet hatten, hatten sie den Hinnerk Jansen gefragt, ob sie von ihm ein Stück Land pachten konnten. Zuerst hatte der Alte abgelehnt, aber da sich die Fremden nicht hatten abwimmeln lassen, hatte er schließlich nachgegeben.

Nachdem er diese Geschichte gehört hatte, wollte Thalbach mehr über die Fremden wissen, aber Jansen konnte ihm nicht mehr viel erzählen. Sie hatten sich seines Wissens nach zu einer religiösen Gruppierung zusammengeschlossen, sehr zurückgezogen gelebt und zu niemandem im Dorf Kontakt gepflegt. Hin und wieder hatte ein reges Kommen und Gehen geherrscht, es waren neue Leute dazugekommen, während andere verschwunden waren. Die Gruppe hatte weitgehend allein für sich gesorgt. Auf dem von seinem Vater gepachteten Land hatten die Fremden eine Zeit lang versucht, Landwirtschaft zu betreiben. Als die Saaten jedoch nur spärlich aufgingen, hatten sie es wieder aufgegeben. Nach vier bis fünf Jahren hatte die Gruppe dann bei Nacht und Nebel das Dorf verlassen und sei nie wieder gesehen worden.

Thalbach bat Jansen um Einsicht in den damaligen Pachtvertrag, erhielt jedoch zur Antwort, dass es nie einen regulären Pachtvertrag gegeben habe. Die Vereinbarung sei mündlich getroffen, die Pacht immer bar bezahlt worden. Hinnerk Jansen sei kurz nach dem Wegzug der Gruppe verstorben und er, Günther, habe das Land dann kurz darauf als Bauland an die Gemeinde verkauft.

Viel mehr wusste Jansen nicht zu sagen. Er glaubte sich erinnern zu können, dass es unter den Fremden eine Art Anführer gegeben habe. Es war derjenige, der auch die Verhandlungen mit seinem Vater geführt hatte, aber wie der Mann geheißen hatte, wusste Jansen nicht mehr.

Zu dem religiösen Hintergrund der Gruppe konnte Jansen auch nicht viel sagen. Sein Vater habe ihm damals gesagt, dass die Fremden die Errungenschaften der modernen Welt weitgehend ablehnten, und versuchten, gottesfürchtig zu leben. Allerdings hatte man niemanden aus der Gemeinschaft jemals in der Dorfkirche gesehen.

Das war alles, was Thalbach in Erfahrung bringen konnte. Zwar wusste er nicht, wie lange die Skelette in der Erde gelegen hatten, aber er war überzeugt, dass sie mit den von Jansen angesprochenen Fremden in Verbindung standen.

Das Land war, wie Thalbach zusätzlich hatte in Erfahrung bringen können, fast 200 Jahre lang im Besitz der Familie Jansen gewesen und den größten Teil dieser Zeit landwirtschaftlich genutzt worden. Von den beiden Weltkriegen hatte das Dorf, wie so viele andere in der Gegend, rein gar nichts abbekommen, daher glaubte Tahlbach auch nicht, dass die Bauarbeiter auf ein Massengrab aus Kriegstagen gestoßen sein könnten.

Seine Vermutung wurde von der Rechtsmedizinerin Dr. Johanna Bergmann bestätigt. Dr. Bergmann hatte die Skelette untersucht und festgestellt, dass alle acht Personen mit einem Schuss in den Hinterkopf getötet worden waren. Sie war sich aufgrund des Zustandes der Skelette sicher, dass die Knochen nicht mehr als 20 bis 30 Jahre unter der Erde gelegen hatten.

Anthropologischen Untersuchungen zufolge hatte man es mit fünf männlichen und drei weiblichen Leichen zu tun.

Thalbach wies seine Mitarbeiter an, alle Vermisstenanzeigen aus dem angegebenen Zeitraum zu überprüfen. Das war eine langwierige Arbeit, doch Thalbach blieb nichts anderes übrig, denn er keine Anhaltspunkte, die ihm bei der Identifizierung der Toten behilflich sein konnten. Auch über die Fremden, von denen Jansen gesprochen hatte, konnte er nichts mehr in Erfahrung bringen. Die Dorfbewohner, die sich noch an die Gruppe erinnern konnten, wussten nicht mehr zu sagen, als dass die Fremden sehr zurückgezogen gelebt hatten und anscheinend mit niemandem etwas hatten zu tun haben wollen. Nachdem sich die erste Neugier gelegt hatte, hatte sich scheinbar niemand mehr um die merkwürdigen Menschen gekümmert, bis sie dann eines Tages verschwunden waren.

Die folgenden Wochen verbrachten Thalbachs Mitarbeiter mit der Überprüfung alter Vermisstenanzeigen. Ihre Arbeit blieb jedoch weitgehend ergebnislos. Einige Male glaube jemand, eine Spur gefunden zu haben, doch weiter reichende Recherchen enttäuschten diese Vermutungen immer wieder. Dr. Bergmann erklärte, dass die aufgefundenen Skelette von Menschen stammten, die zu Lebzeiten nicht älter als 35 Jahre gewesen waren. Die von Thalbachs Mitarbeitern als brauchbar eingestuften Vermisstenmeldungen, über die Personen gesucht wurden, die bislang nie aufgetaucht waren, betrafen jedoch in der Hauptsache Kinder und ältere Menschen. Die wenigen, die vom Alter her gepasst hätten, konnten aufgrund von DNA-Analysen als Opfer ausgeschlossen werden.

Dr. Bergmann schlug vor, anhand der aufgefundenen Schädel Gesichtsrekonstruktionen vorzunehmen und die entstandenen Antlitze dann veröffentlichen zu lassen. Thalbach willigte ein und gab die Schädel an einen Anthropologen weiter. Dr. Eilmann war auf die Gesichtsrekonstruktion spezialisiert. Er stellte zunächst einen Kunststoffabdruck der Schädel her.

Die wichtigste Voraussetzung für eine realistische Gesichtsrekonstruktion ist die Rekonstruktion der Gewebestärke der einzelnen Hautpartien. Diese ist von Mensch zu Mensch verschieden und kann anhand umfangreicher Messungen nur annährend ermittelt werden. Mit einer Vielzahl kleiner Stifte, die auf die Dicke der angenommenen Gewebestärke zurechtgeschnitten werden, wird anschließend der Kunst- stoffschädel gespickt. Der Raum zwischen den Stiften wird mit Ton aufgefüllt. Die Form von Nase und Ohren kann natürlich nur vermutet werden und auch über die Haarfarbe wird nur spekuliert. Trotz allem sind die so entstandenen Gesichter ein annährendes Abbild der ehemaligen Gesichtszüge des Verstorbenen.

Dr. Eilmann hatte für die erste Gesichtsrekonstruktion den am besten erhaltenen Schädel einer Frau im Alter zwischen 25 und 30 Jahren gewählt. Nach der Fertigstellung wurde eine Fotografie von dem Schädel angefertigt und in den Medien veröffentlicht.

Drei Tage später meldete sich ein junger Mann namens Jens Larsen bei Thalbach. Er erzählte dem Kriminalbeatmen, dass er das Bild des rekonstruierten Schädels in der Zeitung gesehen habe und der Meinung sei, dass es sich hierbei um seine Mutter handeln könne. Sie habe vor knapp 26 Jahren ihren Ehemann und ihren damals vierjährigen Sohn verlassen. Sein Vater habe ihm erzählt, dass sie kurz vorher einer religiösen Gruppe beigetreten sei, die sich »Gottes helfende Hände« genannt habe. Von einem Tag auf den anderen habe sie ihre Sachen gepackt und sei nie wieder gesehen worden.

Larsen zeigte Thalbach Unterlagen, aus denen hervorging, dass sein Vater noch eine Zeit lang versucht hatte, seine Frau zu finden und nach Hause zurückzuholen. Schließlich hatte sie ihm jedoch mit einer einstweiligen Verfügung gedroht, und er hatte sie, wenngleich widerstrebend, in Ruhe gelassen. Seit damals hatten sein Vater und er nie wieder etwas von ihr gehört.

Eine DNA-Analyse brachte die Gewissheit. Bei der Toten handelte es sich um Larsens Mutter Angelika.

Thalbach sah sich die Unterlagen, die er von Larsen erhalten hatte, daraufhin genau an. Sie waren akribisch geführt worden. Larsens Vater hatte sogar einen Privatdetektiv auf seine Frau angesetzt, der eine ganze Menge Erkenntnisse gesammelt hatte.

Der Anführer der religiösen Gruppierung, die sich »Gottes helfende Hände« genannt hatte, war ein gewisser Werner Heilig gewesen. Über ihn hatten die von Larsen bezahlten Detektive einiges herausgefunden. Er hatte sein Elternhaus früh verlassen und sich nach einer abgebrochenen Maschinenschlosserlehre zunächst mit Gelegenheitsjobs über Wasser gehalten. Schließlich war er für einige kleinere Delikte mehrfach im Gefängnis gelandet. Schon als Kind hatte er es verstanden, andere Menschen zu manipulieren. Als Erwachsener hatte er diese Fähigkeit ausgebaut und 1976 nach seinem letzten Gefängnisaufenthalt hatte er eine kleine Gruppe von Menschen um sich geschart, die er zum Teil im Gefängnis kennen gelernt hatte. Er hatte sich mit der Aura der Rechtschaffenheit umgeben und erklärt, dass er während seiner letzten Haft zu Gott gefunden habe. Daraufhin hatte er Seminare veranstaltet, in denen er als Prediger aufgetreten war, und so seine Anhängerschaft vergrößert. Wo und wann Angelika Larsen ihn kennen gelernt hatte, konnte Thalbach nicht mehr klären. Die Gruppe hatte stets etwa 20 Leute umfasst und sich nie länger an einem Ort aufgehalten, bis sie schließlich im Sommer 1979 in das kleine Dorf in die Nähe von Winsen gezogen war. Dort hatten sie sich vier Jahre lang aufgehalten. Danach verliert sich ihre Spur.

Thalbach wandte sich mit diesen Erkenntnissen erneut an die Öffentlichkeit und hatte Erfolg. Es meldeten sich weitere Angehörige von Personen, die dieser ominösen Sekte beigetreten waren. Drei weitere Skelette konnten daraufhin identifiziert werden. Die Geschichten, die die Angehörigen erzählten, deckten sich mit der von Jens Larsen. Interessanterweise zeigte sich dabei, dass Heilig sich vorzugsweise mit Menschen umgeben hatte, die sehr finanzkräftig gewesen waren. Viele Angehörige erzählten, dass kurz nach dem Verschwinden ihrer Verwandten auch deren Konten geplündert wurden. Als Thalbach diesbezüglich bei Larsen nachfragte, erzählte auch dieser, dass sein Vater die ehelichen Konten gesperrt hatte, nachdem kurze Zeit nach dem Verschwinden der Mutter bereits über 100 000 D-Mark davon abgebucht worden waren.

Thalbach setzte ein Schreiben auf, in dem er bundesweit alle zuständigen Dienststellen über seinen Fall informierte. Noch hatte er keine Ahnung, was aus dem Sektenführer Werner Heilig geworden war. Schon bald jedoch meldete sich ein Kollege aus München. Bei der dortigen Vermisstenstelle, so erklärte er, entsann man sich noch einer Akte über eine Gruppe mit dem Namen »Gottes helfende Hände«. Diese war, wie Thalbach erfuhr, jedoch nach 1981 nicht mehr in Erscheinung getreten. Es hatten zwar diverse Strafanzeigen gegen sie vorgelegen, doch man hatte der Gruppe niemals kriminelle Aktivitäten nachweisen können. Die Tatsache, dass zahlreiche Anhänger ihre Familien verlassen und kurz darauf große Summen von ihren Konten abgehoben hatten, ließ sich strafrechtlich nicht verfolgen. Die Menschen, die dies getan hatten, waren volljährig und zurechnungsfähig gewesen und hatten daher mit ihrem Leben und ihrem Geld tun und lassen können, was sie wollten. Der Münchner Kollege konnte Thalbach jedoch zwei Namen geben, die ihm bei seinen Ermittlungen weiterhalfen: Jutta Stein und Siegfried Albrecht. Jutta Stein war anscheinend die Geliebte Werner Heiligs gewesen und Siegfried Albrecht so etwas wie ein Adjutant.

Thalbach konnte Albrecht in einer kleinen Gemeinde in Hessen aufspüren. Er arbeitete dort als Pfarrer und war mittlerweile verheiratet. Er erzählte Thalbach, wie er Heilig kennen gelernt hatte: Es war auf einem der Seminare gewesen, die Heilig nach seiner Haftentlassung gegeben hatte. Albrecht war zu diesem Zeitpunkt noch Theologiestudent gewesen und Heilig hatte ihn vollkommen fasziniert. Er hatte sein Studium abgebrochen und war ihm gefolgt. Heiligs Anhängerschaft war nach und nach gewachsen, und irgendwann hatte man sich in dem kleinen Dorf bei Hamburg niedergelassen, wo man den Resthof angemietet hatte. In der Folgezeit hatte Heilig dort so etwas wie eine Gewaltherrschaft errichtet. Er hatte harte Arbeit und wenig Nahrung als den einzigen Weg zur Selbstreinigung von allen Sünden propagiert. Wer dem nicht folgte, war schwer bestraft worden, unter anderem auch durch sexuelle Übergriffe. Gewalt war immer mehr zu einem zentralen Punkt der Gemeinschaft geworden. Und die Anhänger der Gruppe waren Heilig hörig geworden. Schließlich hatte Heilig angekündigt, dass er gesehen habe, dass einige Auserwählte bald sterben würden. Tatsächlich hatte es dann innerhalb kürzester Zeit einen Toten gegeben, der in einem von Heilig vorgegebenen Ritual beigesetzt worden war. Man hatte ihm den Kopf abgeschlagen und Körper und Kopf getrennt beigesetzt. Eigens dafür wurden zwei Gruben auf der angemieteten Weide ausgehoben. Die Trennung von Kopf und Körper sollte eine symbolische Trennung von Geist und Irdischem darstellen. Ihm, Albrecht, sei das irgendwann zu viel geworden, so dass er den Ort eines Nachts heimlich verlassen habe. Er war davon überzeugt gewesen, dass Heilig die so genannten Auserwählten eigenhändig ermordet hatte, und zwar immer dann, wenn von ihnen kein Geld mehr zu erwarten gewesen sei. Er hatte das aber nie beweisen können. Das letzte, was Albrecht von ihm gehört hatte, war, dass er sich auf Mallorca zurückgezogen hatte. Jutta Stein sei noch immer seine Lebensgefährtin.

Seitdem bemüht sich Thalbach um die Auslieferung des ehemaligen Sektenführers, der auch auf Mallorca wieder einer religiösen Gemeinschaft vorsteht. Bisher kann Thalbach nur wegen Leichenschändung gegen Heilig vorgehen, aber er ist zuversichtlich, dass er irgendwann auch die Morde beweisen kann. Zumindest wissen nun zahlreiche Angehörige um das Schicksal ihrer Familienmitglieder und müssen nicht mehr im Ungewissen leben. So wie Jens Larssen, der nun endlich um die Mutter trauern kann, die er kaum kannte und die er bereits als Vierjähriger verloren hat.

Eine kleine Geschichte der Gesichtsrekonstruktion

Noch bis in die 30er-Jahre des vergangenen Jahrhunderts war es nahezu unmöglich, allein anhand eines Schädels eine Identifizierung vorzunehmen. Erst 1935 entwickelte Professor Brash von der Universität Edinburgh ein Verfahren, das die Kriminalistik revolutionierte: Im Fall einer stark verwesten Frauenleiche, deren Identität nicht eindeutig geklärt war, besorgte er sich ein Foto des mutmaßlichen Opfers. Er fotografierte den Kopf der Leiche in genau dem Winkel, in dem der Kopf der Frau auf der Fotografie abgebildet war. Dann legte er die beiden Fotografien übereinander. Das Ergebnis war verblüffend. Die Schädelform auf beiden Fotografien war derart identisch, dass die Identität der Leiche nicht mehr in Zweifel gezogen wurde.

Versuche zur Gesichtsrekonstruktion wurden bereits vereinzelt und ohne Anspruch auf Beweiskraft Ende des 19. Jahrhunderts durchgeführt. Zu Beginn beschäftigten sich hauptsächlich Künstler, genauer gesagt Bildhauer, mit diesem Thema. Die erste bekannte Gesichtsrekonstruktion wurde jedoch von einem Anatom durchgeführt, der Ende des 19. Jahrhunderts einen Schädel kaufte, der angeblich von Johann Sebastian Bach stammen sollte.

Im Laufe der folgenden Jahrzehnte führten Wissenschaftler immer wieder Messungen an Toten durch, um an Daten zu gelangen, die die Wissenschaft der Gesichtsrekonstruktion vorantreiben konnten.

In den 50er-Jahren des 20. Jahrhunderts erlangte diese Wissenschaft mehr und mehr an Bedeutung. Der Auslöser dafür war ein russischer Archäologe, der ein erfolgreiches Labor für plastische Rekonstruktion unterhielt. Die Sowjetunion war lange Zeit führend auf diesem Gebiet.

9. Kapitel

Familiendrama auf dem Lande

Am Morgen des 21. März 2003 meldete Willi Malzahn seine 17-jährige Tochter Merle als vermisst. Der Mann erschien aufgeregt auf dem örtlichen Polizeirevier und wirkte sehr besorgt. Seine Tochter habe vor zwei Tagen das Haus verlassen, um mit ihrem Freund, Maximilian Lemgo, in eine Diskothek zu gehen, erklärte er den Beamten. Seitdem habe er nichts mehr von ihr gehört. Er habe versucht, sie auf ihrem Handy zu erreichen, aber dort habe sich niemand gemeldet. Maximilian habe erklärt, mit Merle zwar am 19. März verabredet gewesen zu sein, sie aber nicht getroffen zu haben, weil nicht zum vereinbarten Treffpunkt gekommen sei. Daraufhin habe auch er wiederholt erfolglos versucht, sie auf dem Handy zu erreichen.

Der Fall wurde Kriminalkommissar Johannes Sydow übertragen, der als Erstes den verzweifelten Vater aufsuchte.

Malzahn erklärte ihm, dass er seit einigen Jahren allein erziehender Vater sei. Seine Ehefrau habe die Familie verlassen, als Merle drei Jahre alt gewesen sei. Seitdem habe er sich allein um die Tochter gekümmert, nach der Scheidung habe er nie wieder geheiratet. Es seien schwere Jahre für ihn gewesen, da er sich als selbstständiger Steinmetz nicht nur um das Kind, sondern auch um sein Geschäft habe kümmern müssen. Das Verhältnis zu seiner Tochter sei immer sehr eng gewesen, nur in den letzten Monaten, nachdem Merle Maximilian kennen gelernt hatte, sei es öfter zu Streitigkeiten gekommen. Merle sei zunehmend später nach Hause gekommen und habe seine Einwände und Sorgen ignoriert. Mahlzahn hatte das ungute Gefühl, dass Maximilian hinter dem Verschwinden seiner Tochter steckte.

Für Sydow war offensichtlich, dass Malzahn den Freund seiner Tochter nicht mochte, er konnte sich jedoch nicht erklären, warum. Maximilian schien ein patenter junger Mann zu sein, der drei Jahre älter war als Merle und vor kurzem ein Medizinstudium begonnen hatte.

Merle selbst ging noch zur Schule und plante, nach ihrem Abitur im nächsten Jahr Veterinärmedizin zu studieren.

Um eine bessere Vorstellung von dem Charakter der Vermissten zu erhalten, studierte Sydow Merles soziales Umfeld. Mit dem, was er erfuhr, konnte er sich ein klareres Bild von dem Mädchen machen. Ihre Freunde beschrieben sie als einen fröhlichen, liebenswürdigen Menschen. Merle sei immer sehr zielstrebig gewesen und habe, bis sie Maximilian kennen gelernt habe, nie einen Freund gehabt. Das Verhältnis zu ihrem Vater sei immer eng und herzlich gewesen. Die Mutter habe ihr, soweit die Freunde das beurteilen konnten, nie gefehlt. Merle habe nie mit Drogen experimentiert, niemals Alkohol getrunken oder geraucht. Alles in allem sei sie eine ideale Tochter gewesen. Zwar wusste jeder, dass es in der letzten Zeit Spannungen zwischen ihr und ihrem Vater gegeben hatte, aber niemand konnte sich vorstellen, dass Merle deswegen von zu Hause weggelaufen war. Auch glaubte niemand, dass Maximilian etwas mit ihrem Verschwinden zu tun hatte.

Sydow befürchtete, dass Merle einem Verbrechen zum Opfer gefallen war – und er sollte Recht behalten: Drei Tage nachdem ihr Vater sie als vermisst gemeldet hatte, fand man ihre Leiche in einem kleinen Wald in der Nähe ihres Elternhauses.

Es war Sydow, der dem Vater die schreckliche Nachricht überbrachte. Malzahn brach daraufhin völlig zusammen. Dass Merle keinem Sexualverbrechen zum Opfer gefallen war, konnte ihn nur wenig trösten.

Außer einer Wunde an der rechten Schläfe und einem Hämatom auf der linken Wange, das vermutlich von einem Schlag herrührte, fand der Rechtsmediziner keinen Hinweis auf äußerliche Gewalteinwirkung. Merles Leiche war auf dem Bauch liegend aufgefunden worden, die Leichenflecke befanden sich jedoch auf dem Rücken. Das hieß, dass die Leiche nach dem Tod gedreht worden und der Fundort höchstwahrscheinlich nicht der Tatort war.

Sydow vermutete, dass sich Merle mit ihrem Mörder gestritten hatte und es dann zu Handgreiflichkeiten gekommen war. Vermutlich hatte der Täter sie gar nicht töten wollen. Wahrscheinlich war Merle nach dem Schlag ins Gesicht lediglich gestürzt und an den Folgen eben dieses Sturzes gestorben. Ihr Tod war somit möglicherweise ein Unfall gewesen. Aber wenn dem so war, warum hatte sich der Täter dann nicht gestellt? Warum hatte er Merle irgendwo im Wald abgelegt? Neben der Leiche hatte Merles Handtasche gelegen. Der Inhalt war vollständig gewesen, es hatten weder Geld noch Papiere oder sonstige Wertgegenstände gefehlt. Nur ein Gegenstand wurde vermisst: der linke Ohrring der Toten. Wahrscheinlich hatte dieser sich jedoch bei dem Schlag ins Gesicht gelöst, so dass ein Raubmord in jedem Fall auszuschließen war. Da auch kein Sexualdelikt vorlag, blieb nur noch die These des Unfalls.

Dem Bericht des Rechtsmediziners zufolge war Merle noch am Abend ihres Verschwindens gestorben. Der vielleicht wichtigste Hinweis war jedoch, dass sie bei ihrem Tod bereits in der zwölften Schwangerschaftswoche gewesen war.

Sydow fragte Malzahn, ob er von der Schwangerschaft seiner Tochter gewusst habe. Der Mann schien vollkommen fassungslos. Er wollte nicht einmal glauben, dass seine Tochter von der Schwangerschaft gewusst hatte, ansonsten, da war er ganz sicher, hätte sie ihm davon erzählt. Sydow wies Malzahn vorsichtig darauf hin, dass eine Frau, die im dritten Monat schwanger war, diesen Umstand wohl kaum übersehen haben könne. Malzahn, das war offensichtlich, hatte jedoch tatsächlich nichts von der Schwangerschaft seiner Tochter gewusst.

Sydow fragte sich, was Merle am Tatabend in der Zeit vor ihrem Tod getan hatte. Hatte sie sich mit dem Vater ihres Kindes getroffen und mit ihm über die Schwangerschaft gesprochen? War es vielleicht deshalb zu dem vermeintlichen Streit gekommen? Für die Vaterschaft kam bisher nur eine Person infrage: Maximilian Lemgo.

Sydow lud Lemgo vor und setzte ihn von der Schwangerschaft seiner verstorbenen Freundin in Kenntnis. Der junge Mann war zwar erstaunt, erzählte jedoch, dass Merle ihm an dem Tag vor ihrem Tod bereits angedeutet habe, dass sie ihm etwas Wichtiges mitzuteilen habe. Sie hatte ein solches Geheimnis um die Angelegenheit gemacht, dass er bereits vermutet hatte, dass etwas Gravierendes dahinter steckte. Dass es dabei um eine Schwangerschaft ging, hatte er jedoch nicht ahnen können, zumal er als Vater nicht infrage kam. Als Sydow fragte, wie Lemgo sich da so sicher sein konnte, erhielt er von dem jungen Mann die bereitwillige Antwort, dass er zwar mit Merle Geschlechtsverkehr gehabt, dabei aber stets mit Kondomen verhütet habe. Außerdem passe das Datum nicht, meinte Lemgo. Vor Merles Tod sei er erst etwa vier Wochen mit ihr intim gewesen; sollte Merle bei ihrem Tod daher tatsächlich in der zwölften Schwangerschaftswoche gewesen sein, könnte er nie der Vater ihres Kindes gewesen sein. Wer ansonsten als Vater infrage käme, konnte Lemgo nicht sagen. So viel er wusste, war er Merles erster Freund gewesen, und er konnte sich nicht vorstellen, dass sie noch viele andere Männer gehabt hatte. Merle war, was Intimitäten anbetraf, sehr zurückhaltend gewesen. Ihr Vater hatte davon nichts erfahren dürfen. Merle hatte Lemgo erzählt, dass sie zwar ein sehr offenes Verhältnis zu ihrem Vater habe, dieser aber nicht wissen dürfe, dass sie mit ihrem Freund mehr austausche als nur Küsse. Allein deshalb seien sie sehr vorsichtig gewesen, meinte Lemgo. Dennoch erklärte er sich zu einem DNA-Test bereit. Und bereits nach wenigen Tagen war klar: Lemgo war nicht der Vater des ungeborenen Kindes. Damit schied er für Sydow als Täter vorerst aus.

Erneut befragte Sydow den Freundeskreis der Toten, aber niemand konnte mit weiteren Hinweisen dienen. Selbst Merles beste Freundin Lavinia hatte nichts von der Schwangerschaft gewusst. Diese Tatsache kam Sydow allerdings merkwürdig vor. Irgendjemandem musste sich das Mädchen doch anvertraut haben.

Während Sydow über diese Frage nachdachte, wartete er auf einen letzten Untersuchungsbericht: Die Kriminaltechniker hatten Staubspuren in den Kleidern der Toten sowie in ihrem Haar gefunden, die sie nicht hatten zuordnen können und die zurzeit noch analysiert wurden. Den Laborbericht erhielt Sydow am 26. März. Bei dem Staub handelte es sich um Kalziumkarbonatkristalle, feine Marmorstaubpartikel. Grundsätzlich verwunderte den Beamten das nicht, immerhin hatte Merle regelmäßigen Kontakt zum Steinmetzbetrieb ihres Vaters gehabt. Was merkwürdig erschien, war, dass sich der Marmorstaub nicht nur in den Haaren und Kleidern der Toten festgesetzt hatte, sondern zum Teil auch in der tödlichen Kopfwunde. Dies konnte bedeuten, dass sich Merle mit dem Mörder in der Werkstatt ihres Vaters getroffen hatte. An einem Freitagabend wäre sie dort ungestört gewesen, da die Angestellten ihres Vaters an diesem Tag üblicherweise früh nach Hause gingen, so dass zu später Stunde niemand mehr in der Werkstatt anzutreffen war.

Sydow beschloss, sich die Werkstatt genauer anzusehen. Beim ersten Mal, als er dort war, hatte er sie nur als Lebensumfeld der Toten betrachtet, dort aber nicht nach den Spuren eines Mordes gesucht. Ohne Vorankündigung stand Sydow daher am nächsten Tag bei Malzahn vor der Tür und bat ihn, sich in seiner Werkstatt umsehen zu dürfen. Er erzählte ihm zunächst nur, dass er vermute, Merle habe sich dort unbemerkt mit ihrem Mörder getroffen. Malzahn reagierte darauf anders als erwartet. Er war von Sydows Ansinnen wenig begeistert und versuchte, diesen zu überzeugen, dass seine Vermutung gänzlich unberechtigt sei, da außer ihm, Malzahn, niemand Zutritt zu der Werkstatt habe. Auch sein Personal besäße keine eigenen Schlüssel. Sydow eröffnete Malzahn daher, dass man in den Kleidern der Toten Marmorstaub gefunden habe und der Sache dringend nachgehen müsse. Nach langem Zögern ließ Malzahn den Beamten in seine Werkstatt, aber sein Eindringen schien ihm mehr als unangenehm zu sein. Sydow hatte dem Mann noch nichts von dem Marmorstaub in der Kopfwunde der Toten erzählt und war darüber nicht unglücklich. Die bisherige Reaktion des Mannes war ihm nicht geheuer, und er wollte sehen, was als Nächstes passierte.

Sydow musste nicht lange warten. Malzahns Werkstatt war voll gestellt mit kleinen Statuen und diversen halbfertigen Grabsteinen. Sydow betrachtete diese jedoch nur am Rande, während er in der Werkstatt umherging. Plötzlich fiel ihm etwas auf: Halb unter einer Figur verborgen, sah er etwas im Staub glitzern. Schon als er sich bückte, um den Gegenstand näher in Augenschein zu nehmen, konnte er sehen, um was es sich handelte: Es war ein kleiner goldener Ohrring, genauso einer, wie der, der am linken Ohr der Leiche gefehlt hatte. Sydow hob den Ohrring auf und zeigte ihn Malzahn. Bevor er jedoch etwas dazu sagen konnte, ließ Malzahn sich auf einen Hocker sinken und begann zu weinen. Was Sydow nun hören sollte, spielt sich leider in nicht wenigen Familien oft ebenso unbemerkt ab.

Bis vor einem Jahr, erzählte Malzahn, sei in seinem Haushalt alles so normal gelaufen, wie dies zwischen einem allein erziehenden Vater und seiner Tochter möglich war. Dann jedoch habe er ein inzestuöses Verhältnis mit seiner Tochter begonnen. Malzahn beteuerte immer wieder, dass die Initiative dazu von seiner Tochter ausgegangen war und er sich dagegen nicht hatte wehren können. Sydow ließ diese Rechtfertigung jedoch nur Abscheu gegenüber Malzahn entwickeln, schon zu viele Male hatte er ähnliche Entschuldigungen gehört. Malzahn jammerte weiter. Die Beziehung zwischen Merle und ihm schien ihm durch ihr Verhältnis noch inniger geworden zu sein, nichts, so habe er geglaubt, hätte sich zwischen sie drängen können. Als Lemgo schließlich aufgetaucht war, hatte sich die Situation allerdings grundlegend geändert. Merle hatte sich in Lemgo verliebt und war gegen den Willen ihres Vaters eine Beziehung zu dem jungen Mann eingegangen. In der Folgezeit hatte sich gezeigt, dass der Frieden im Hause Malzahn schon lange zerstört gewesen war. Malzahn hatte begonnen, seine Tochter zu überwachen und sie abwechselnd zu schlagen oder zu bitten, ihn nicht zu verlassen. Merle hatte daraufhin ihre Abscheu gegenüber ihren Vater immer deutlicher gezeigt und mehrmals erklärt, dass sie, sowie sie volljährig sei, ausziehen und den Vater anzeigen werde, falls er sich weigern solle, sie zu unterstützen. Am Abend des 19. März war die Situation dann eskaliert. Malzahn hatte noch spät in seiner Werkstatt gearbeitet, als Merle zu ihm gekommen war. Sie war bereits für die Diskothek angekleidet und im Begriff gewesen, sich mit Maximilian zu treffen. Malzahns Aussage zufolge hatte sie zuvor noch Geld von ihm verlangt. Sie hatte ihm gesagt, dass sie schwanger sei, und da sie und ihr Freund immer verhütet hätten, wisse, dass das Kind nur von ihrem Vater sein könne. Sie lehne es jedoch ab, einen Bastard auszutragen. Als Malzahn gehört hatte, dass Merle eine intime Beziehung zu Lemgo unterhielt, war er, wie er Sydow erklärte, vor Eifersucht völlig verrückt geworden und ausgerastet. Er hatte seine Tochter als Nutte beschimpft, sie ihn als Kinderschänder. In seiner Rage hatte Malzahn schließlich zugeschlagen. Merle war daraufhin gestrauchelt und hingefallen.

Dabei war sie mit der Schläfe auf einen der Grabsteine geschlagen. Als sie sich nicht mehr gerührt hatte, hatte er zuerst gedacht, sie würde ihn nur erschrecken wollen, aber schließlich hatte er feststellen müssen, dass Merle tot war. An das, was dann passiert war, konnte Malzahn sich angeblich nicht mehr genau erinnern. Er hatte die Leiche seiner Tochter liegen lassen und die Werkstatt abgeschlossen. Seinen Angestellten, die teils auch samstags arbeiteten, hatte er für den nächsten Tag frei gegeben. Er selber hatte sich hemmungslos betrunken. Am Sonntag hatte er sich dann entschlossen, sich der Polizei zu stellen, aber im letzten Moment hatte ihn der Mut verlassen. Stattdessen hatte er die Leiche seiner Tochter in einen seiner Lieferwagen geladen und zu dem abgelegenen Waldstück gebracht, wo man sie schließlich gefunden hatte. Anschließend war er zur Polizei gefahren und hatte Merle als vermisst gemeldet.

Obwohl an seiner Täterschaft eigentlich kein Zweifel mehr bestand, wurde eine Blutprobe von Malzahn genommen, der dieser freiwillig zugestimmt hatte, und eine DNA-Analyse durchgeführt. Nach ein paar Tagen lag das Ergebnis vor: Willi Malzahn hatte tatsächlich seine eigene Tochter geschwängert.

In einem späteren Verfahren wurde Malzahn wegen Inzest und Körperverletzung mit Todesfolge zu drei Jahren Haft verurteilt. Er hat einen Teil seiner Strafe abgesessen und befindet sich heute wieder auf freiem Fuß. Der Rest seiner Strafe wurde zur Bewährung ausgesetzt. Malzahn lebt mittlerweile unter einem anderen Namen in einer kleinen Stadt in Süddeutschland. In sein altes Dorf konnte er nicht mehr zurückkehren. Unbekannte hatten sein Haus angezündet.

10. Kapitel

Satanisten am Niederrhein

Eigentlich sind Leichen und Skelette auf einem Friedhof nichts Ungewöhnliches, aber in diesem Fall sah das anders aus. Als der Totengräber Friedhelm Meyer am Morgen des 28. Juni 2004 ein frisches Grab aushob, um eine Beisetzung vorzubereiten, stieß er auf einen einzelnen Schädel, obschon an der Grabungsstelle keine Leichenreste mehr hätten gefunden werden dürfen. Die Grabstelle war nach 20 Jahren eingeebnet worden und sollte nun einen weiteren Toten aufnehmen. Meyer wandte sich an den Pfarrer, zu dessen Kirche der Friedhof in Goch am Niederrhein gehörte, und berichtete ihm von dem verdächtigen Fund. Pfarrer Maischberg konnte nach gründlicher Begutachtung der Fundstelle jedoch auch keine Erklärung dafür finden. Er beschloss daher, die Polizei zu informieren.

Kurz darauf erschien der Kriminalbeamte Bernd-Christian Matuschek mit Kollegen der Spurensicherung auf dem Friedhof. Er ließ die Fundstelle weiträumig absperren und wies das Spurensicherungsteam an, nach weiteren Skelettteilen zu suchen, um sicherzugehen, dass der aufgefundene Schädel das einzige verdächtige Leichenteil in der Umgebung war.

Die Ermittler gingen sehr vorsichtig zu Werke, um eventuelle Spuren nicht zu vernichten. Einen Tag später war jedoch klar, dass der aufgefundene Schädel tatsächlich das einzige nicht zuordenbare Leichenteil war.

Matuschek ließ den Schädel daraufhin in die Rechtsmedizin bringen. Obwohl dem Rechtsmediziner keine weiteren Leichenteile vorlagen, konnte er einige wichtige Fakten ermitteln: Die Schädelnähte waren noch nicht geschlossen, was darauf hindeutete, dass der Verstorbene bei seinem Tod unter 30 Jahre alt gewesen war. Die Weisheitszähne waren jedoch bereits durchgebrochen, was das Alter auf die Spanne zwischen 21 und 30 Jahren einschränkte. Die Schädelform – die Stirnpartie war glatt, der gesamte Schädel eher klein, und die Augenbrauenwülste waren nur schwach ausgeprägt – ließ wiederum vermuten, dass es sich um einen weiblichen Schädel handelte. Zur Todesursache konnte der Rechtsmediziner nichts sagen. Der Schädel war jedenfalls unversehrt.

Matuschek besaß damit zwar nicht gerade viele Informationen, konnte mit den wenigen Anhaltspunkten jedoch zunächst einmal die Vermisstenmeldungen der vergangenen Jahre durchgehen. Seine Suche blieb allerdings ohne Erfolg. Niemand schien eine Frau in dem vom Rechtsmediziner angegebenen Alter zu vermissen.

Matuschek blieb daher nichts anderes übrig, als eine Gesichtsrekonstruktion in der nahe gelegenen Landeshauptstadt Düsseldorf durchführen zu lassen. Dies war zwar ein sehr aufwändiges Verfahren, aber es lohnte sich. Zwei Tage nachdem ein Foto des rekonstruierten Schädels in der Presse veröffentlicht worden war, meldeten sich einige Gocher Bürger bei Matuschek. Sie alle waren erstaunt gewesen, als sie das Bild in der Presse entdeckt hatten, denn die darauf allem Anschein nach abgebildete Frau hatten sie seit fast 15 Jahren nicht mehr gesehen. Matuschek erfuhr, dass der aufgefundene Schädel aller Wahrscheinlichkeit nach zu Mascha Steinbrück gehörte, einer zur Zeit ihres Verschwindens 25 Jahre alten Hausfrau. Mascha war im zweiten Jahr ihrer Ehe schwanger geworden; sie und ihr Mann waren damals überglücklich gewesen, und das ganze Dorf hatte sich mit ihnen gefreut. Das Baby war jedoch tot zur Welt gekommen. Zunächst hatte man befürchtet, dass die junge Frau nie über den Verlust hinwegkäme, doch nach ein paar Monaten war sie wieder aufgeblüht. Sie hatte erzählt, dass eine Wahrsagerin Kontakt zu ihrem Baby aufgenommen habe und sie dadurch wisse, dass es ihm gut gehe. Zwar war man über diese Entwicklung besorgt gewesen, hatte aber geglaubt, dass sich die Trauer und die damit einhergehenden ungewöhnlichen Bewältigungsversuche mit der Zeit geben würden. Einige Monate später schien das auch der Fall gewesen zu sein. Der ortsansässige katholische Pfarrer hatte die junge Frau regelmäßig besucht und oft mit ihr gebetet. Schließlich war Mascha immer öfter in die Kirche gegangen und hatte sich stark in der Gemeinde engagiert. Dabei schien sie tatsächlich zur Ruhe zu kommen. Dann aber war eine erneute Kehrtwende eingetreten. Mascha hatte sich aus der Gemeinde und sogar von ihrem Ehemann zurückgezogen. Auch die Kirche hatte sie mit einem Mal gemieden, bis sie schließlich verschwunden war. Das war vor etwa 15 Jahren gewesen. Seitdem hatte sie niemand mehr gesehen. Maschas Mann war einige Jahre später nach Düsseldorf gezogen. Auch von ihm hatte man nichts mehr gehört.

Angesichts dieser Sachlage war es kein Wunder, dass Matuschek beim Durchforsten der Vermisstenanzeigen keinen Hinweis auf die junge Frau gefunden hatte. Er hatte seine Recherchen nicht weit genug in die Vergangenheit ausgedehnt.

Es fiel Matuschek nicht schwer, den Aufenthaltsort von Maschas früherem Ehemann ausfindig zu machen. Zwei Tage später stand er vor dessen Haustür. Martin Steinbrück war fassungslos, als Matuschek ihm den Grund seines Erscheinens mitteilte. Der Mann lebte mittlerweile in einer neuen Partnerschaft und hatte auch ein Kind. Er gab an, mit seiner Zeit in Goch endgültig abgeschlossen zu haben. Nach der Todgeburt sei seine damalige Ehe nach und nach in die Brüche gegangen. Nachdem sie zum katholischen Glauben übergetreten war, hatte seine Frau ihm erklärt, dass sie keine sexuellen Kontakte mehr wünsche und sich nur deswegen nicht von ihm scheiden lasse, weil ihr Glaube es ihr verbiete. Matuschek konnte verstehen, dass der Mann über diesem Teil seiner Vergangenheit lieber nicht mehr sprechen wollte, bat ihn aber dennoch, ihm die Umstände des Verschwindens seiner Frau noch einmal zu schildern. Im Großen und Ganzen erzählte ihm Steinbrück daraufhin dieselbe Geschichte wie die Dorfbewohner sie geschildert hatten, allerdings konnte er noch weiter ins Detail gehen.

Als sie sich nach ihrer Totgeburt ein wenig gefangen hatte, hatte seine Frau ihr Heil zunächst in der katholischen Kirche gesucht. Plötzlich hatte sie sich jedoch von allen Aktivitäten in der Gemeinde zurückgezogen und nichts mehr von der Kirche wissen wollen. Oft hatte sie abends das Haus verlassen und war erst spät in der Nacht zurückgekehrt. Meist war sie dann nicht mehr ansprechbar gewesen und hatte einen abwesenden Eindruck gemacht und mit glasigen Augen vor sich hin gestarrt. Immer öfter hatte sie sich ihr Zimmer eingeschlossen und irgendetwas vor sich hin gemurmelt. Aus dem gemeinsamen Schlafzimmer war sie schon lange ausgezogen, und ihr eigenes Zimmer, das eigentlich mal das Kinderzimmer hatte werden sollen, hatte sie stets abgeschlossen, wenn er im Haus war. Das Tun seiner Frau hatte sich seinem Einfluss immer mehr entzogen und eines Tages war sie verschwunden. Als er einige Tage nach ihrem Verschwinden ihr verschlossenes Zimmer aufgebrochen hatte, hatte ihn der Schlag getroffen. Mascha Steinbrück hatte alle Wände schwarz angemalt, zahlreiche schwarze Kerzen aufgestellt und in der Mitte des Raums ein großes Kreuz verkehrt herum aufgehängt. Steinbrück hatte damals zwar gewusst, dass Satanisten in der Gegend um Goch ihr Unwesen trieben, war jedoch davon ausgegangen, dass es sich lediglich um rebellische Jugendliche handelte. Dass offenbar auch seine Frau zu dieser Gruppe gehörte, hatte ihn wie ein Schlag getroffen. Ohne lange zu zögern hatte er alles entfernt, was auf die veränderte Weltanschauung seiner Frau schließen ließ, und das Zimmer in seinen ursprünglichen Zustand zurückversetzt. Als er trotz einer aufgegeben Vermisstenanzeige nach zwei Jahren noch immer nichts von ihr gehört hatte, hatte er das gemeinschaftliche Haus verkauft und war nach Düsseldorf gezogen. Er hatte nie wieder etwas von seiner Frau gehört.

Matuschek wollte wissen, ob Steinbrück nach dem Verschwinden seiner Frau mit dem damaligen katholischen Pfarrer in Goch gesprochen hatte. Steinbrück bejahte diese Frage. Auf Pfarrer Höfer, dem er auch von den satanistischen Symbolen im Zimmer seiner Frau erzählt hatte, habe die ganze Angelegenheit damals allerdings nicht annährend so alarmierend gewirkt wie auf ihn selbst. Dieser hatte geglaubt, Mascha befände sich lediglich auf einer Art Selbstfindungstrip, der sie früher oder später zu ihrem Mann und der Kirche zurückfinden ließe. Steinbrück war von dem lockeren Umgang des Pfarrers mit der Situation damals entsetzt gewesen, von einem Gottesmann hatte er sich mehr Hilfe versprochen.

Wenn Mascha Steinbrück damals wirklich einem Satanistenkult beigetreten war, mutmaßte Matuschek, wird sie nicht die einzige gewesen sein. Es werden noch andere Menschen zu der Gruppe gehört haben, die oder deren Angehörige ihm heute vielleicht weiterhelfen konnten. Matuschek recherchierte und entdeckte Erstaunliches: Ungefähr zu der Zeit, als Mascha Steinbrück verschwunden war, war es auch in der Umgebung von Goch vermehrt zu Vermisstenanzeigen gekommen. Besonders ins Auge stachen Matuschek fünf Anzeigen, mit denen junge Frauen um die 20 Jahre gesucht wurden. Da Matuschek den Anzeigen selbst nicht viel entnehmen konnte, suchte er die Familien der Vermissten auf, die die Anzeigen damals erstattet hatten. Fast überall hörte er dieselbe Geschichte: Die vermissten Frauen waren in der Hauptsache gläubige Katholikinnen gewesen, die sich plötzlich von der Kirche abgewandt und von ihrer Umwelt zurückgezogen hatten. Nur in drei Fällen hatte man Hinweise auf einen Satanskult gefunden. Interessant war jedoch, dass alle Frauen irgendwann in der Zeit vor ihrem Verschwinden der Kirchengemeinde von Pfarrer Höfer in Goch angehört hatten.

Matuschek machte sich auf den Weg zu Pfarrer Maischberg, um von diesem mehr über seinen Vorgänger zu erfahren, doch Maischberg konnte ihm kaum weiterhelfen. Er sei nach Goch versetzt worden, erklärte er, nachdem der zuständige Bischof Höfer von seinem Posten abgezogen hatte. Die Gründe dafür habe man ihm damals nicht genannt, und von sich aus habe er auch nicht danach gefragt.

Matuschek beschloss, dieser Sache nachzugehen, und fragte im Bischofsamt nach. Dort erhielt er die Auskunft, dass Pfarrer Höfer mittlerweile in einem Kloster in Norddeutschland lebe, sich im vorzeitigen Ruhestand befinde und ausschließlich dem Gebet widme. Dass in Anbetracht der derzeitigen polizeilichen Ermittlungen ein Bedarf für ein Gespräch zwischen Matuschek und Höfer bestehe, sehe man nicht und könne daher auch keine Gesprächserlaubnis erteilen.

Dem Ermittler kam diese Reaktion merkwürdig vor; fast schien es, als würde Höfer in dem Kloster wie ein Gefangener gehalten. Matuschek war jedoch klar, dass er auf dem eingeschlagenen Weg nicht weiterkommen konnte, und so wandte er sich an die Medien. Er wollte auf diese Weise Personen finden, die ihm etwas über die Tätigkeit des Pfarrers in seiner aktiven Zeit als Seelsorger erzählen konnten. Auf Matuscheks Initiative hin wurde in zahlreichen Zeitungen schließlich berichtet, dass die Polizei kürzlich die Leiche einer Frau gefunden hatte, die vor 15 Jahren verschwunden war, nachdem sie sich einer Satanistengruppe angeschlossen hatte. Anschließend wurden auch die Namen der übrigen vermissten Frauen erwähnt, die mit diesem Fall in Zusammenhang stehen konnten, sowie der Namen des damaligen Gocher Pfarrers.

Auf diese Artikel hin meldeten sich zahlreiche Personen. Doch nur einer von ihnen konnte Matuschek tatsächlich weiterhelfen. Er hieß Siegfried Rensch und wurde von dem Ermittler zu einem Gespräch auf die Dienststelle geladen.

Rensch erzählte, dass er seinerzeit Messdiener bei Pfarrer Höfer gewesen sei. Höfer sei immer ein freundlicher Mensch gewesen und habe sich stark in der Jugendarbeit engagiert. Eines Morgens sei es jedoch zu einem mehr oder weniger seltsamen Zwischenfall gekommen, den Rensch allerdings erst im Nachhinein scheinbar richtig habe deuten können. Rensch hatte gesehen, wie Höfer den Boden um den Altar herum aufwischte. Dies war normalerweise die Aufgabe der Putzfrau gewesen, die in der Regel auch sehr verlässlich gewesen war. Diesmal jedoch hatte Höfer die Reinigung ausgeführt, und zwar in aller Herrgottsfrühe. Und nicht nur das: Als er Rensch bemerkt hatte, hatte der Pfarrer auch noch verlegen den Eimer hinter sich versteckt und entschuldigend gestammelt, dass er den Messwein verschüttet habe. Einer der Altarbecher war auch tatsächlich verschmiert gewesen. Rensch hatte der Aussage des Pfarrers damals geglaubt – insgeheim hatte er vermutet, dass Höfer möglicherweise ein kleines Alkoholproblem hatte, doch dies hielt er nicht für erwähnenswert. Nachdem Höfer von seinem Nachfolger Maischberg abgelöst worden war, hatte man in der Gemeinde jedoch hinter vorgehaltener Hand getuschelt, dass Höfer in einen Teufelskult verwickelt gewesen sein sollte. Viele hielten das bis auf den heutigen Tag für Unfug, doch Rensch war sich da nicht so sicher. Was er damals für Wein gehalten hatte, konnte immerhin auch Blut gewesen sein.

Matuschek lief es kalt über den Rücken hinunter, als er das hörte, und er hoffte, dass es sich doch wenigstens um Tierblut gehandelt haben mochte. Jedes andere Szenario wollte er sich in seiner Grauenhaftigkeit gar nicht erst ausmalen.

Kurz nachdem Rensch seine Aussage zu Protokoll gegeben hatte, rief auch der derzeit für die Gemeinde Goch zuständige

Bischof bei Matuschek an. Er fürchtete um den Ruf der Kirche und bat um ein Gespräch.

Bischof Johannes Schmidt versuchte, gleich zu Beginn die Wogen zu glätten. Es sei nicht so, dass man Höfer verbieten wolle, außerhalb der Klostermauern Kontakt zu jemandem aufzunehmen, der ehemalige Seelsorger sei jedoch krank und vor allem geistig nicht ausreichend auf der Höhe, um mit jemandem zu sprechen. Matuschek ließ sich von den Worten des Bischofs nicht umgarnen und legte ihm ohne Umschweife alle bisherigen Erkenntnisse im Fall Mascha Steinbrück vor, einschließlich der Aussage des ehemaligen Messdieners Rensch. Aufgrund dieser ersuchte er den Bischof dringend, ihm die Erlaubnis zu erteilen, den Gocher Altar von der Spurensicherung untersuchen zu lassen. Der Bischof lehnte dieses Ansinnen jedoch vehement ab; dies würde die Kirche entweihen und das könne er nicht zulassen.

Matuschek blieb daher nichts anderes übrig, als sich an die Staatsanwaltschaft zu wenden. Sein Wunsch ließ sich nicht einfach erfüllen, aber schließlich gelang es doch: Matuschek erhielt die richterliche Erlaubnis zur Untersuchung des Kirchengebäudes. Wenn Rensch Recht hatte, und das, was er damals gesehen hatte, tatsächlich Blut gewesen war, dann würden sich auch heute, nach so langer Zeit, noch Spuren davon finden. Die Ermittler der Spurensicherung greifen in solchen Fällen auf Luminol zurück, eine Chemikalie, die Stellen, an denen sich einmal Blut befunden hat, wieder sichtbar machen kann. Denn Blut lässt sich nie vollständig entfernen, es ist nur mit bloßem Auge nicht mehr sichtbar.

Die Techniker der Spurensicherung arbeiteten sorgfältig – und wurden fündig. Und obgleich Matuschek das Ergebnis mit ziemlicher Sicherheit erwartet hatte, war er schließlich doch entsetzt, als man rund um den Altar alte Blutspuren fand.

Nachdem der Bischof diese Nachricht erhalten hatte, konnte er nicht länger schweigen. Er gab zu, vor 15 Jahren von gewissen, wie er es nannte, Unregelmäßigkeiten in der Gocher Gemeinde gehört zu haben. Seinen Informationen zufolge, hatte Höfer dort schwarze Messen abgehalten und dabei Tiere geschlachtet, um sie als Opfer dem Teufel darzubringen. Da ihm Höfer geistig vollkommen verwirrt erschienen war, hatte er ihn ablösen lassen und in ein Kloster umgesiedelt. Matuschek bestand darauf, nun endlich mit Höfer sprechen zu können, wogegen der Bischof nichts mehr einzuwenden hatte, wenngleich er der Meinung war, dass eine solche Unterredung vergeblich sei, da Höfer nur noch verwirrt sei und oft nicht einmal mehr seine Mitbrüder erkenne.

Matuschek musste aber bald feststellen, dass der Bischof Recht gehabt hatte. Höfer war geistig vollkommen verwirrt und musste von seinen Ordensbrüdern gepflegt werden. Allerdings hatte er noch einige Zeit nach seinem Einzug ins Kloster ein Tagebuch geführt, und dies wurde Matuschek nun von einem der Ordensbrüder übergeben. Man wies den Polizisten darauf hin, dass man es selbst nicht gelesen habe, um die Privatsphäre des Mitbruders zu wahren, und bat ihn, zu Dingen, die er darin fand, seinem Fall jedoch nicht weiterhalfen, Schweigen zu bewahren.

Nach ein paar Seiten der Lektüre wurde Matuschek jedoch klar, dass es sich bei dem Schriftstück keineswegs um ein Tagebuch, sondern viel eher um einen Tatsachen- und Erlebnisbericht handelte. Und er wünschte, dass ihn schon früher jemand gelesen hätte.

Wann Höfer sich von der Kirche abgewandt hatte und warum er anschließend nicht aus dem Dienst der Kirche ausgetreten war, ging aus diesem Bericht nicht hervor, dass er eine ganz bewusste Abwendung vom katholischen Glauben betrieben hatte, war jedoch offensichtlich. Irgendwann hatte er begonnen, die Tabus der katholischen Kirche infrage zu stellen und sich mit ihrem Sinn auseinander zu setzen. Dabei war er auf die Aufzeichnungen eines Amerikaners gestoßen, der seinerseits die Kirche des Satans gegründet hatte. In diesem eher rationalistischen Satanismus werden die Rituale des Christentums weitergeführt, jedoch für die eigenen Zwecke modifiziert. Die in der Kirche tabuisierten Themen, wie zum Beispiel Sexualität, werden bewusst in den Ritus aufgenommen und ausgelebt.

Höfer hatte daraufhin seine eigene Sekte gegründet. Seine Jünger, in der Regel junge und scheinbar haltlose Menschen, hatte er sorgfältig ausgewählt. Seine Gemeinde war größer und größer geworden. Zunächst hatten sich die Mitglieder damit begnügt, auf dem Friedhof schwarze Messen abzuhalten, aber irgendwann hatte das nicht mehr ausgereicht. Man hatte begonnen, dem Fürsten der Finsternis Tieropfer darzubringen. Das war nicht weiter aufgefallen, denn die Kadaver waren leicht zu entsorgen gewesen. Höfer hatte dabei mehr und mehr erkannt, dass ihm diese Art der religiösen Arbeit mehr Befriedigung verschaffte als seine Arbeit als christlicher Seelsorger. Er hatte sexuelle Beziehungen zu den Anhängerinnen seiner Sekte aufgebaut und sich dadurch, wie er es in seinen Aufzeichnungen beschrieb, dem Teufel näher gefühlt. Schließlich hatte er Mascha Steinbrück kennen gelernt. Die junge Frau war nach dem Verlust ihres Kindes sehr labil gewesen und hatte Halt in der Esoterik gesucht. Höfer hatte die Chance gesehen, sie über den katholischen Glauben zum Satanismus hinzuführen, und es war ihm gelungen, indem er Mascha davon überzeugt hatte, dass Gott seine Berechtigung als Weltenherrscher verlor, wenn er unschuldige Kinder sterben ließ. Höfer hatte sie dazu gebracht, sich an Gott rächen zu wollen, was für sie in dem Wunsch gegipfelt hatte, dem Teufel nahe sein zu wollen. Diesen Wunsch hatte Höfer ausgenutzt, um Mascha Steinbrück zum ersten Menschenopfer zu machen.

Er hatte eine schwarze Messe einberufen und alle seine Anhänger waren erschienen. Auf dem Altar seiner Kirche hatte er Mascha Steinbrück getötet: Er hatte ihr eine Vene geöffnet und sie ausbluten lassen. Das Blut hatte man in einem der Altarbecher aufgefangen und den übrigen Satanisten als Trunk gereicht. Jeder hatte einen Schluck davon nehmen sollen, um den Teufelspakt zu besiegeln und ein festes Band um ihre Gemeinschaft zu schlingen. In der Folgezeit hatte sich Höfer die Bekanntschaft anderer junger Frauen gesichert, die sich in einer ähnlich labilen Lage befunden hatten wie Mascha Steinbrück. Auch sie waren dem Teufel geopfert worden. Ihre Leichen hatte man verstümmelt und auf dem gesamten Friedhof verteilt. Die Köpfe der Getöteten waren vom Rumpf getrennt und rund um das Gotteshaus vergraben worden, die Körper hatte man in frische Gräber gelegt. Zum einen war es Höfer darum gegangen, die Kirche zu entweihen, zum anderen darum, die Opfer seiner Taten so zu verstecken, dass sie niemals gefunden werden konnten. Welcher Ort wäre dafür besser geeignet gewesen als ein Friedhof? Erst als Gerüchte über seine Taten in Umlauf geraten waren und Höfer von seinem Posten entbunden worden war, hatte das morbide Treiben ein Ende gehabt.

In seinem Bericht hatte Höfer keine Name genannt. Matuschek erhielt also keine Informationen über die anderen ehemaligen Mitglieder der Gemeinschaft. Sie alle hatten sich der Mittäterschaft an mehreren Morden schuldig gemacht, doch er hatte keine Möglichkeit, ihrer habhaft zu werden.

Matuschek ließ mit dem Einverständnis des Bischofs auf dem Friedhof in Goch nach den sterblichen Überresten der übrigen Opfer suchen. In Höfers Bericht waren die Orte, an denen er sie vergraben hatte, recht gut beschrieben, so dass die Suche in allen Fällen erfolgreich verlief. Die sterblichen Überreste wurden den Hinterbliebenen übergeben, damit diese ihre Angehörigen endlich zur Ruhe betten konnten.

Gegen den ehemaligen Pfarrer Höfer wurde niemals Anklage erhoben. Ein Gutachter erklärte, dass Höfer zu keinem Zeitpunkt schuldfähig gewesen sei, so dass das Gericht die lebenslange Unterbringung des Mannes in einer Psychiatrie anordnete. Die katholische Kirche hat nach reiflicher Überlegung das Gotteshaus in Goch geschlossen. Die Kirchenoberen waren der Meinung, dass das Haus entweiht sei und eine erneute Weihung den Teufel nicht würde vertreiben können. Die Kirche steht bis heute leer.

Satanismus und Teufelsanbeter

Interessanterweise orientieren sich *schwarze Messen* am Ablauf der *katholischen Messe*.

Die Messe ist die wichtigste Gottesdienstform in der katholischen Kirche. Seit 1969 wird sie in der heutigen Form gefeiert. Sie folgt einem vorgegebenen unabänderlichen Ablauf. Zu Beginn steht die *Eröffnung*. Diese besteht üblicherweise aus einem Gesang, der Begrüßung der Gemeinde und der Einführung in die Messfeier. Anschließend folgen der Bußakt und das Tagesgebet. Der zweite Teil der Messe ist der *Wortgottesdienst*; in dessen Verlauf spricht der Priester die erste und die zweite Lesung, zudem werden das Glaubensbekenntnis und die Fürbitten gesprochen. Während der anschließenden *Eucharistiefeier* kommt es zum Friedensgruß und die Kommunion wird erteilt. Im letzten Teil der Messe, der *Entlassung*, wird die Gemeinde gesegnet.

Ganz ähnlich ist eine schwarze Messe aufgebaut. Auch hier wird zunächst die Gemeinde der versammelten Teufelsanbeter begrüßt. Allerdings wird nicht gesungen, sondern die Gemeinde ruft gemeinsam den Teufel an. Anstelle des Bußaktes kann es zu Opfergaben kommen. In gemäßigten Zirkeln sind dies lediglich symbolische Handlungen, bei denen weder Mensch noch Tier zu Schaden kommen, allerdings hat es in früheren Zeiten auch

Menschenopfer beziehungsweise Schändungen von Jungfrauen gegeben. Vereinzelt ist auch heute noch in der Presse zu lesen, dass es bei einer schwarzen Messe zu Todesfällen gekommen ist, solche sind aber, Gott sei Dank, die Ausnahme.
Die Aufnahmerituale in eine Teufelssekte sind bizarr. So werden angehende Teufelsanbeter oder Satanisten häufig gezwungen, Kot zu essen. Man nennt dies Ekeltraining. Die Neulinge sollen auf diese Weise lernen, ihre Grenzen zu erkennen und sie zu überwinden. Dahinter steckt die Auffassung: Wer einmal bereit ist, auf die Anordnung seines Meisters hin etwas zu tun, was ihm zuwider ist oder einen Tabubruch darstellt, in Zukunft auch keine Tabus mehr akzeptieren, sondern seinem Meister blindlings folgen wird. Dieser Schritt, ein Tabu bewusst und unter der Provokation eines Meisters zu brechen, macht gleichsam abhängig von diesem Meister.
Interessanterweise sind einige Teufelsanbeter durchaus bewandert in den Zeremonien der katholischen Kirche, nicht selten deshalb, weil es ehemalige Gläubige sind, die sich auf der Suche nach Alternativen zum christlichen Glauben vom Satanismus verführen ließen.
Der *okkultistisch-traditionelle Satanismus* akzeptiert darüber hinaus sogar das Weltbild der Bibel. Für die Anhänger dieses Satanistenzweigs hat das Christentum ausgedient, sie warten lediglich darauf, dass Satan die Herrschaft übernimmt.
Dem entgegen steht der *psychopathologisch motivierte Satanismus*, die wohl bekannteste Form der Teufelsanbetung. Hier stehen nicht Organisation oder religiöse Rituale im Mittelpunkt, sondern der Kampf gegen gesellschaftliche Konventionen. Die Gemeinschaften sind häufig Gruppen von nicht mehr als drei bis vier Personen. Sie schänden

Friedhöfe und bringen Blutopfer, indem sie sich selbst verletzen und ihr Blut dem Teufel opfern. Die Ursachen für solche Praktiken sind nicht selten Psychosen. Viele der Betroffenen behaupten, Stimmen zu hören, die ihnen ihr nicht-konformes Verhalten befehlen. Im schlimmsten Fall münden diese Psychosen in der Tötung unschuldiger Menschen, die Satan geopfert werden sollen.
Gerade für Jugendliche stellt eine solche Gemeinschaft oft eine Ersatzfamilie dar, in der sie sich sicher und geborgen fühlen und die ihnen genau das gibt, was ihnen – zumindest dem eigenen Empfinden nach – von anderer Seite verweigert wird: Anerkennung.
Der *jugendzentristische Satanismus*, der von den obigen Ausprägungen separiert werden muss, ist jedoch kein Satanismus im eigentlichen Sinne. Er ist oft nur ein Mittel, um sich von der Welt der Erwachsenen abzugrenzen. Er gipfelt im Beschmieren von Kirchen oder in vereinzeltem Friedhofsvandalismus. Im Gegensatz zu anderen Formen des Satanismus ist der jugendzentristische Satanismus nicht hierarchisch strukturiert, gleichwohl besitzen auch diese Gruppen in der Regel einen Anführer. Man trifft sich sporadisch an geheimen Orten und führt Rituale durch, die man sich aus Büchern und Zeitschriften zusammensucht. Die meisten Jugendlichen treten einer solchen Gruppierung nicht dauerhaft und auch nur während einer bestimmten Entwicklungsphase bei.
Professionelle Satanisten arbeiten mit physischem und psychischem Druck, um ihre Mitglieder daran zu hindern, die Gruppe zu verlassen oder mit Unbeteiligten über ihre Rituale oder Tätigkeiten zu sprechen. Die hierfür angedrohten Strafen reichen von Folter und Vergewaltigung bis hin zu Mord.

11. Kapitel

Mord durch psychisch Gestörte

Wie ich bereits in meinem ersten Band der Reihe *Todesusache: nicht natürlich* gesagt habe, sollte in einem Buch über forensische Wissenschaften der Mensch nicht zu kurz kommen. Es ist nicht immer damit getan herauszufinden, woran jemand gestorben ist oder wer der Täter sein könnte. Mitunter gibt es Faktoren, die einen Menschen dazu bringen, Amok zu laufen oder ganze Familien auszulöschen. Wer konnte schon vor ein paar Jahren ahnen, dass plötzlich ein junger Mann in Erfurt ausrasten und in seiner Schule ein blutiges Massaker anrichten würde? Und stehen wir nicht immer auch kopfschüttelnd da, wenn ein Mensch plötzlich in seiner Familie ein Blutbad anrichtet? Wenn so etwas geschieht, stellt sich immer aber auch die Frage, ob es vorher keine Anzeichen für solche Taten gegeben hat, die wir nur deuten und verstehen müssten, um sie zu verhindern. Was treibt Menschen dazu, anderen Schmerz zuzufügen oder die zu töten, die sie lieben? Zugegeben, wir bewegen uns hier in einem Grenzbereich der Forensik, nämlich in dem der forensischen Psychiatrie, aber hier steht allein der Mensch im Vordergrund, auch wenn es sich um Täter handelt.

Das Massaker von Norderstedt

Niemand hatte die Vorzeichen ernst genommen, erst nachdem es drei Tote gegeben hatte, war man klüger gewesen.

Die Nachbarn hatten zunächst gedacht, dass bei der Familie Blankenburg in Norderstedt der Fernseher lief. Anders hatten sie sich die Schreie aus deren Wohnung nicht erklären können. Schließlich war es still geworden und sie hatten gehört, wie jemand die Wohnung verließ, anscheinend mit dem schreienden Kleinkind. Einige Minuten später hatten auch die Ohrenzeugen ihr Haus verlassen. Dabei war ihnen aufgefallen, dass die Wohnungstür der Blankenburgs offen stand. Die Nachbarn hatten angeklopft und laut gerufen, doch es hatte sich niemand gemeldet, daher waren sie hineingegangen, um nach dem Rechten zu sehen. Das Bild, das sich ihren Augen bot, werden sie wohl ihr Leben lang nicht vergessen: Der Flur der Blankenburgs war blutbespritzt gewesen und aus einem angrenzenden Zimmer hatten Beine hervorgeragt. Erst als die Nachbarn sich diesen genähert hatten, war ihnen das ganze entsetzliche Ausmaß ihres Fundes bewusst geworden. Die Beine auf dem Boden waren die von Frau Blankenberg gewesen, doch der Frau hatten sie nicht mehr helfen können. Sie war geköpft worden.

Die zu Hilfe gerufenen Einsatzkräfte kamen rasch. Und auch sie konnten den Anblick in der Blankenburgschen Wohnung kaum ertragen, obschon sie bereits viel in ihrem Leben gesehen hatten. Hauptkommissar Werner Paetzold versuchte, die Entdecker des Massakers, das Ehepaar Kramm, zu beruhigen. Er benötigte Informationen, die nur sie ihm geben konnten. Zum Täter konnten sie ihm jedoch nichts sagen; sie hatten ihn nicht gesehen. Zuerst hatten sie geglaubt, dass bei ihren

Nachbarn ein Fernsehkrimi gelaufen sei, erklärten sie dem Beamten. Dass etwas so Schreckliches passiert war, hatten sie sich nicht vorstellen können. Die Blankenburgs waren in ihren Augen immer eine ruhige und nette Familie gewesen. Man hatte sich gegrüßt, dann und wann ein paar Worte im Hausflug gewechselt und sich hin und wieder ausgeholfen, wenn einmal ein Liter Milch oder ein Pfund Butter gefehlt hatte. Zu lauten Auseinandersetzungen war es bei den Blankenburgs nie gekommen. Auch der knapp vierjährige Sohn war, so viel die Kramms zu sagen wussten, ein wohlerzogenes, reizendes Kind gewesen.

Paetzold wollte wissen, wo er den Ehemann der Toten erreichen konnte, doch in diesem Punkt konnten ihm die Kramms nicht weiterhelfen. Paetzold fand in der Wohnung der Blankenburgs ein Telefonverzeichnis, in dem auch die Arbeitsstätte des Ehemanns, eine Versicherungsgesellschaft, aufgeführt war. Der Beamte rief dort an, musste jedoch erfahren, dass Blankenburg bereits seit drei Wochen krank geschrieben war und seine Arbeitgeber ihn zu Hause vermuteten. Welcher Art seine Krankheit war, konnte man allerdings nicht sagen.

Noch bevor Paetzold mit der Vernehmung der restlichen Hausbewohner beginnen konnte, erhielt er über Funk die Nachricht von einem Doppelmord, der sich in Bad Oldesloe ereignet hatte, das etwa 30 Autominuten von Norderstedt entfernt lag. Paetzold machte sich sofort auf den Weg dorthin und überließ den Tatort seinen Mitarbeitern und den Kollegen von der Spurensicherung.

In Bad Oldesloe erwartete Paetzold ein ähnlich schreckliches Bild, wie jenes, das ihm bei den Blankenburgs begegnet war. Die dortigen Opfer waren ebenfalls Frauen. Eine ältere, Paetzold schätzte sie auf ungefähr 60 Jahre, und eine jüngere Frau von etwa 25 Jahren. Auch sie waren geköpft worden. Zeugen berichteten, dass etwa eine Stunde vor dem Eintreffen der Beamten ein Fahrzeug mit quietschenden Reifen vor dem Einfamilienhaus, in dem sich das Blutbad ereignet hatte, gebremst hatte und ein Mann herausgesprungen war. Er hatte den Motor laufen und die Fahrertür offen gelassen, während er auf das Haus zugelaufen war. In der Hand hatte er etwas gehalten, das von weitem wie eine Axt ausgesehen hatte. Er hatte gegen die Eingangstür getrommelt, und als ihm geöffnet worden war, hatte er sich sofort ins Haus gedrängt. Was dann geschehen war, konnten die Zeugen nicht sagen. Nur dass der Mann kurze Zeit später blutbesudelt aus dem Haus herausgestürmt, in sein Auto gesprungen und fortgefahren war. In dem Auto hatte die ganze Zeit über ein Kind gesessen und geweint. Die beiden Frauen, die in dem Einfamilienhaus wohnten und höchstwahrscheinlich die Opfer des Amokläufers geworden waren, waren die 59-jährige Gerda Dilling und ihre Tochter Alina.

Aufgrund der grausigen Übereinstimmungen zog Paetzold sofort Parallelen zwischen diesem Fall und dem in Norderstedt. Er fragte die Zeugen, ob jemand das Kennzeichen des verdächtigen Autos erkannt und sich gemerkt hatte. Eine vollständige Nummer erhielt der Beamte daraufhin zwar nicht, doch die Zeugen waren sich einig, dass der Täter einen dunklen Golf mit Segeberger Kennzeichen gefahren hatte. Das passte perfekt auf den Tatort in Norderstedt.

Noch während Paetzold die Fahndung nach dem verdächtigen Fahrzeug veranlasste, erschien ein älterer Mann am Tatort. Wie sich herausstellte, handelte es sich um den Ehemann des älteren Opfers, Hans-Georg Dilling. Er konnte sich zunächst nicht erklären, warum so viele Einsatzfahrzeuge vor seinem Haus standen, und Paetzold musste ihm schonend beibringen, was geschehen war. Der Mann brach zusammen und musste von einem anwesenden Notarzt versorgt werden. Erst später, im Krankenhaus, hatte Paetzold Gelegenheit, mit ihm zu sprechen. Mittlerweile hatte man das zur Fahndung ausgeschriebene Fahrzeug gefunden, und wie sich herausgestellt hatte, gehörte es dem Ehemann des ersten Opfers, Mark Blankenburg.

Der Wagen war verlassen in einem Waldgebiet nahe Bad Segeberg gefunden worden.

Paetzold fragte Dilling, ob er einen Zusammenhang zwischen dieser Tatsache und der Tragödie sehe, die sich in seinem Hause abgespielt hatte. Dilling stand noch unter starken Beruhigungsmitteln und sprach nur sehr schleppend. Man hatte ihm mittlerweile mitteilen müssen, dass auch seine älteste Tochter, das erste Opfer Nadja Blankenburg, tot war. Dilling erzählte Paetzold, so gut er vermochte, von dem Mann seiner ältesten Tochter. Die Ehe sei sehr harmonisch verlaufen, bis sich Mark vor einigen Monaten immer mehr verändert habe. Zuerst habe das niemand mitbekommen, nur Nadja habe öfter erzählt, dass Marc übergeschnappt sei. Er habe begonnen, wie ein Besessener in der Bibel zu lesen, und von ihr bei jeder Gelegenheit verlangt, Gottes Wort zu achten, denn der Teufel, so habe er gesagt, lauere überall. Zuerst habe Nadja noch darüber gelacht, aber immer öfter sei sie wütend gewesen, und zum Schluss habe es geschienen, als habe sie Angst vor ihrem Mann bekommen. Davon, dass Blankenburg krank geschrieben war, hatte Dilling nichts gewusst.

Mittlerweile lief die Fahndung nach Mark Blankenburg und seinem vierjährigen Sohn Thorsten bundesweit auf Hochtouren. Paetzold vermutete, dass Blankenburg in Bad Segeberg in einen Zug gestiegen war und sich abgesetzt hatte, wohin war fraglich.

Der Bericht des Gerichtsmediziners las sich wie ein Horrorroman. Nadja Blankenburg war mit einem stumpfen Gegenstand mehrmals auf den Kopf geschlagen worden, die Schädelknochen waren dabei vollständig zertrümmert, die Augen herausgedrückt worden. Mit einem Brotmesser hatte ihr der Mörder, aller Wahrscheinlichkeit nach ihr eigener Ehemann, dreißig Stichwunden in den Bauch zugefügt. Mit einer Stichsäge, hatte er ihr die Extremitäten abgetrennt und das Herz herausgeschnitten. Anschließend hatte er ihr mit einer Axt den Kopf vom Rumpf getrennt. Seine Schwägerin und seine Schwiegermuter hatte er mit der Axt verstümmelt, bevor er auch sie geköpft hatte.

Paetzold vernahm die Arbeitskollegen von Blankenburg, um zu erfahren, wie dieser sich vor seiner Tat verhalten hatte. Dort hatte er seine religiösen Äußerungen scheinbar noch weiter getrieben als gegenüber seiner Frau. Er hatte behauptet, der Teufel versuche, Zugang zu seinem Haus zu bekommen, um sich seiner und seiner Familie zu bemächtigen. Wenn es soweit komme, werde er gezwungen sein, exorzistische Handlungen durchzuführen. Blankenburg hatte all dies offensichtlich ernst gemeint und dementsprechend merkwürdig auf seine Kollegen gewirkt, niemand war mehr an ihn herangekommen. Er hatte sich von allen abgegrenzt und auch nicht mehr an gemeinsamen Aktivitäten teilgenommen wie zum Beispiel am Mittagessen in der Kantine. Schließlich war Blankenburg von seinen Vorgesetzten zum Arzt geschickt worden. Dieser hatte ihn krankgeschrieben. Seitdem hatte Blankenburg sich nicht mehr bei seinen Kollegen gemeldet. Sie alle waren entsetzt, als sie von dem Drama in seiner Familie erfuhren. Erklären konnten sie sich die Geschehnisse nicht.

Paetzolds größte Sorge war, dass Blankenburg seinem Kind etwas antun könnte. Den einzigen Trost, den er hatte war, dass er das Kind mitgenommen und nicht getötet hatte. Vielleicht würde er es daher auch weiterhin verschonen. Bilder von Blankenburg und seinem Sohn waren mittlerweile auch in allen wichtigen Tageszeitungen veröffentlicht worden, so dass es unwahrscheinlich war, dass Blankenburg auf längere Sicht unentdeckt bleiben würde.

Einen Tag später erhielt Paetzold auch schon einen entscheidenden Hinweis. Der Betreiber einer kleinen Pension in Sachsen meldete sich bei ihm und erklärte, dass er soeben einem verwirrten Mann mit kleinem Kind ein Zimmer vermietet habe. Der offenbar stark verängstigte Mann habe sich gleich nach dem Einchecken mit dem Kind in seinem Zimmer eingeschlossen. Als Paetzold das hörte, schickte er ein paar Kollegen aus Dresden zu der besagten Pension. Sie mussten sehr vorsichtig sein, um zu verhindern, dass der Verdächtige durchdrehte und weitere Personen zu Schaden kommen. Zunächst ließen sie den Pensionsbesitzer mithilfe eines Fotos noch einmal ausdrücklich den verdächtigen Gast als den Gesuchten Blankenburg identifizieren. Anschließend postierten sie sich im Gebäude und warteten die ganze Nacht darauf, dass etwas geschah. Am frühen Morgen rief Blankenburg dann bei der Rezeption an und verlangte ein Frühstück. Einer der Polizisten verkleidete sich daraufhin als Zimmerkellner, um das Frühstück zu servieren. Gleichzeitig besetzten fünf schwer bewaffnete Zivilbeamte den Flur, auf dem sich Blankenburgs Zimmer befand. Als Blankenburg auf das Klopfen des verkleideten Beamten hin die Zimmertür öffnete, wurde er sofort zu Boden gerissen und das Zimmer gestürmt. Zur Erleichterung der Ermittler war der Sohn des Mörders noch unversehrt.

Blankenburg wurde noch am selben Tag der ermittelnden Polizeidienststelle in Bad Oldesloe überstellt. Er konnte allerdings erst nach einigen Wochen medikamentöser Behandlung vernommen werden. Er hatte große Schwierigkeiten zu akzeptieren, dass er für die grausigen Taten verantwortlich war, die sich in seiner Familie abgespielt hatten. Zunächst schien er sie rechtfertigen zu wollen und nach plausiblen Gründen dafür zu suchen. Schließlich jedoch musste er einsehen, dass ihm das nicht gelang, und dass er es war, der mehrere Leben ausgelöscht und die seines Sohnes und seines Schwiegervaters zerstört hatte – und genau genommen auch sein eigenes. Blankenburg beharrte jedoch darauf, dass die Geschehnisse eine logische Folge dessen waren, was Gott ihm eingegeben habe. Denn dieser hatte ihn davor gewarnt, dass der Teufel von ihm und seiner Familie Besitz ergreifen wolle und er sich dagegen wehren müsse.

Diese Aussage ließ nicht mehr daran zweifeln, dass Blankenburg geistig verwirrt war. Man übertrug seinen Fall daher dem

Psychiater Dr. Hugo Meinert, der sich seiner geduldig annahm. Dr. Meinert gegenüber öffnete sich Blankenburg nach und nach, und erst bei ihm wurde ihm in aller Klarheit bewusst, was er getan hatte. Blankenburg schilderte dem Arzt eheliche Probleme, von denen niemand etwas geahnt, geschweige denn gewusst habe. Seine Frau sei nach der Geburt ihres Sohnes immer nörgeliger und vor allem eifersüchtig geworden. Gerade in letzter Zeit sei es immer wieder zu Ehestreitigkeiten gekommen, hauptsächlich des Geldes wegen. Blankenburg und seine Frau hatten mit der Unterstützung des Schwiegervaters ein Grundstück gekauft und ein Haus gebaut. Der Umzug hatte eigentlich in den nächsten zwei bis drei Monaten stattfinden sollen. Der Bau war jedoch teuerer geworden als geplant, und das hatte ihm seine Frau immer wieder zum Vorwurf gemacht. Sie hatte zudem nicht verstanden, dass er nach der Geburt des Kindes abends hin und wieder allein mit Freunden ausgehen wollte und weiterhin seinen Hobbys – Tauchen und Fallschirmspringen – nachging. Sexueller Kontakt hatte zwischen den Eheleuten seit der Geburt auch nicht mehr stattgefunden. Zwei Tage vor der Tat hatte Nadja Blankenburg zudem erklärt, dass sie die Ehe auflösen und sich scheiden lassen wolle. Zwar habe ihn das sehr mitgenommen, erklärte Blankenburg, nicht zuletzt deshalb, weil er sehr an seinem Sohn hing, allerdings wäre das für ihn nie ein Grund gewesen, seiner Frau irgendetwas anzutun, geschweige denn, sie zu töten. Das war der Punkt, der ihn am meisten erschütterte. Blankenburg fiel es trotz seiner Vernunft und seiner Intelligenz – er war immerhin Versicherungsmathematiker – schwer, zu begreifen, dass er fast seine gesamte Familie ausgelöscht hatte, zumal er sich auch mit seinen Schwiegereltern und seiner Schwägerin immer gut verstanden hatte.

Aus seiner Kindheit und Jugend gab es nichts Außergewöhnliches zu berichten. Blankenburg kam aus einer guten Familie, mit ruhigen und liebevollen Eltern, die sich um ihn und seinen Bruder immer aufopfernd gekümmert hatten. Alkoholmissbrauch oder Drogenkonsum hatte es in dieser Umgebung nicht gegeben, ebenso wenig wie in seinem späteren Leben.

Das erste Erlebnis, das ihn ein wenig aus der Bahn geworfen hatte, war, wie Blankenburg sich ausdrückte, seine erste mystische Erfahrung gewesen. Kurz bevor er seine spätere Frau kennen gelernt hatte, war ihm Gott zum ersten Mal erschienen. Von einem hellen Lichterkranz umgeben, habe dieser eines Tages neben ihm auf dem Beifahrersitz gesessen und ihn vor dem Teufel gewarnt. Blankenburg hatte sich derart erschreckt, dass er einen Verkehrsunfall verursacht hatte. Von dieser Begebenheit hatte er nie jemandem erzählt, auch nicht seiner späteren Frau, er war jedoch seitdem davon überzeugt, gewisse übernatürliche Kräfte zu besitzen.

In den letzten Monaten vor der Tat hatten sich zu seinen ehelichen Problemen die Konsequenzen aus dem tragischen Tod seines Vaters gesellt, der bei einem Verkehrsunfall ums Leben gekommen war. Neben seinen sonstigen Problemen hatte sich Blankenburg nun auch noch um seine trauernde Mutter kümmern müssen, die begonnen hatte, mehr Alkohol zu trinken, als ihr gut tat. In der Folgezeit war er immer unkonzentrierter geworden und hatte vermehrt Ärger mit seinem Vorgesetzten bekommen, der ihm schließlich gedroht hatte, ihn zu entlassen. Ein paar Wochen vor der Tat war Gott ihm dann ein zweites Mal erschienen und hatte ihm mitgeteilt, dass der Teufel drohe von seiner Familie, und wenn er nicht aufpasse, auch von ihm Besitz zu ergreifen. Daraufhin hatte Blankenburg versucht, die Gefahr mit Gebeten zu bannen. Nachdem sein Vorgesetzter ihn zum Arzt geschickt hatte, war er zu einer tickenden Zeitbombe geworden. Er hatte seine Frau belauert und war plötzlich überzeugt gewesen, dass die Warnung von Gott zu spät gekommen und sie bereits vom Teufel besessen war. Er hatte keine andere Möglichkeit gesehen, als exorzistische Handlungen an ihr durchzuführen, bei denen sich jedoch gezeigt hatte, dass ihm als letzte Rettung für sich und seinen Sohn keine andere Möglichkeit blieb, als die Besessene und ihre Familie zu töten.

Nachdem Dr. Meinert diese Aussage in mehreren Sitzungen mit Blankenburg zusammengetragen hatte, war der Fall für ihn klar. Er diagnostizierte Schizophrenie, genauer gesagt, eine schizo-affektive Psychose bei Blankenburg. Bereits dessen erste vermeintlich mystische Begegnung mit Gott war als erster Krankheitsschub zu werten. Blankenburgs spätere Probleme mit seiner Ehefrau waren zwar keinesfalls ein Motiv für seine folgende Tat gewesen, gleichwohl hatten sie als Auslöser eines weiteren Schubs eine große Rolle gespielt. Es kamen jedoch noch weitere Auslöser hinzu: Der Scheidungswunsch seitens der Ehefrau; der Tod von Blankenburgs Vater; die finanziellen Probleme, ausgelöst durch den Hausbau; die Mutter, die mehr und mehr dem Alkohol frönte – all das führte dazu, dass Blankenburg einen zweiten, dieses Mal todbringenden Krankheitsschub erlitt. Dieser sorgte dafür, dass die Einsichts- und Steuerungsfähigkeit Blankenburgs aufgehoben wurde. Dr. Meinert stufte seinen Patienten dementsprechend als schuldunfähig ein.

Das Gericht folgte dieser Einschätzung und sah von einer Haftstrafe ab. Blankenburg wurde in die Psychiatrie eingewiesen, in der er sich noch heute befindet. Er sieht mittlerweile ein, dass er weder Gott noch den Teufel gesehen hat, sondern dass er unter einer Psychose leidet, die dazu geführt hat, dass er seine Frau, seine Schwägerin und seine Schwiegermutter ermordete.

Thorsten Blankenburg lebt heute bei seinem Großvater, der nach den grauenhaften Ereignissen in seiner Familie nach Nordengland ausgewandert ist. Das Kind hat keine Erinnerung an das, was passiert ist, und das ist auch gut so.

Schizophrenie

Der Begriff Schizophrenie wurde 1911 von dem schweizer Psychiater Eugen Bleuler eingeführt. Ihm zugrunde liegen die griechischen Begriffe *skizo* (dt.: spalten) und *phren* (dt.: Verstand/Gemüt).

Das auffälligste Merkmal dieser Krankheit ist laut Bleuler eine deutliche Zerrissenheit im Fühlen und Denken der Betroffenen. Ihre Beziehung zur Wirklichkeit und zu ihren Mitmenschen ist äußerst bizarr, oft führen sie unverständliche Reden und können – auch gegen Menschen, die sie lieben – aggressiv und gewalttätig werden. Schizophrene verlieren im Verlauf ihrer Krankheit mehr und mehr die Kontrolle über sich und scheinen nicht länger die Personen zu sein, die sie einmal waren. Sie wirken wie losgelöst von ihrer Umwelt und entwickeln oft große Ängste. Ihre Persönlichkeit scheint sich vollkommen aufzulösen. Emotionen stumpfen ab, die Sprache kann wirr bis fremdartig wirken, und der Kranke zieht sich in sich selbst zurück.

Die Schizophrenie ist jedoch nicht, wie allgemein angenommen, eine gespaltene Persönlichkeit. Eher noch liegt dieser Krankheit eine multiple Persönlichkeitsspaltung zugrunde; eine schizophrene Person besitzt eine desorganisierte, zerfallene Persönlichkeit.

Die verschiedenen Ausprägungen der Krankheit beginnen alle mit denselben Symptomen: Zunächst treten formale und inhaltliche Denkstörungen auf, Assoziationen werden unklar und Gedankengängen fehlt der erkennbare Zusammenhang. Zudem wird die Sprache zusammenhanglos. Sätze wirken wie ein Konglomerat aus unverbundenen Worten, in einigen Fällen verstummt die betroffene Person sogar völlig. Anschließend ereignen sich Wahrnehmungsstörungen. Halluzinationen können auftreten, sowohl visueller als auch akustischer Natur. In vielen Fällen hören die Betroffenen Stimmen und empfinden sie als real. Die Stimmen kommentieren ihr Handeln und sagen ihnen, was sie zu tun haben, oder es sprechen mehrere Stimmen miteinander. Oftmals ereignen sich in dieser Phase auch Wahnphänomene. Hier meint die betroffene Person verfolgt zu werden oder von besonderer Bedeutung zu sein. Des Weiteren stumpfen die Emotionen des Erkrankten ab. Oftmals reagiert er gar nicht oder vollkommen unangemessen auf eine Situation. Das Selbstgefühl ist gestört und oft erfolgt der soziale Rückzug, so dass niemand mehr zu der betroffenen Person durchdringt. Das so genannte psychomotorische Verhalten kann ebenfalls in Mitleidenschaft gezogen werden. Das bedeutet, dass die Betroffenen zum Beispiel Grimassen schneiden oder wild um sich schlagen. Es ist zu bedenken, dass bei einem Erkrankten nicht alle Symptome auf einmal auftreten müssen. Es gilt jedoch als sicher, dass die Betroffenen ihre Arbeit, ihre sozialen Beziehungen und auch sich selbst vernachlässigen. Es treten demnach zusätzlich zu der Schizophrenie weitere Beeinträchtigungen auf.

Es gibt zwei verschiedene Gruppen von Schizophreniekranken: Die eine Gruppe ist erblich vorbelastet, während die andere genetisch keine Auffälligkeiten zeigt. Untersuchungen haben ergeben, dass die Gehirnwellenmuster in Reaktion auf elektrische Stimulationen Unterschiede aufweisen.

Grundsätzlich unterscheidet man vier Typen schizophrener Störungen:

Der desorganisierte Typ oder Hebephrenie

Die betroffenen Personen zeigen eine schwache Desorganisation der emotionalen Reaktion, der Sprache und des sozialen Verhaltens. Ihre emotionalen Reaktionen sind oft unangepasst und albern, zum Beispiel fangen die Betroffenen ohne Grund an zu kichern oder ziehen kindische Grimassen. Eine normale Kommunikation ist nahezu unmöglich, da die Betroffenen zusammenhanglos reden, unverständliche Worte kreieren und kaum in der Lage sind, einen vollständigen Satz zu formulieren. Auch die Wahnvorstellungen sind zusammenhanglos und desorganisiert. Hypochondrische Beschwerden treten sehr oft auf, und die Erkrankten ziehen sich aus ihrem sozialen Umfeld zurück. Tritt diese Form der Krankheit bei Jugendlichen oder Heranwachsenden auf, was in der Regel der Fall ist, ist sie nicht mehr zu heilen. Ein vorübergehender Stillstand der Symptome ist ebenso wenig zu erwarten.

Der katatone Typ

Die Betroffenen befinden sich in einen Zustand, der als Stupor bezeichnet wird. Sie sind stumm und reagieren nur sehr schwach oder überhaupt nicht auf ihre Umgebung. Sie sind nicht zu Bewegungen zu veranlassen. Katatoniker legen einen Negativismus an den Tag, der sich im grundlosen Widerstand gegenüber jeder Art von Anweisung offenbart beziehungsweise im Ausführen des genauen Gegenteils von dem, was verlangt wurde. Sie verharren stundenlang in einer von ihnen selbst gewählten, oftmals bizarren Körperhaltung. Zuweilen ist es jedoch durchaus möglich, Katatoniker zu bewegen. Man kann sie dann formen wie ein Stück Knete und sie werden in der ihnen aufgezwungenen Haltung wie eine Schaufensterpuppe verharren. Der Stupor kann auch mit einem Zustand aufgebrachter motorischer Erregung abwechseln, die keinem erkennbaren Zweck dient und von außen nicht beeinflussbar ist. So kann es durchaus sein, dass sich ein Betroffener stundenlang auf dem Stuhl, auf dem er sitzt, hin- und herwiegt.

Der paranoide Typ

Bei diesem Krankheitstyp herrschen ein der mehrere Wahnvorstellungen vor. Es treten Halluzinationen auf, die in Form von Stimmen oder visuellen Vorstellungen in Erscheinung treten und sich um Verfolgungs-, Eifersuchts- oder Größenwahnideen drehen. Diese Halluzinationen und die daraus entwickelten Wahnideen erzeugen in den Betroffenen Wut, Angst und eine erhöhte Streitbarkeit, die durchaus auch Gewalt hervorrufen kann. Die Angst, die die Betroffenen entwickeln, ist ziellos und nicht im Mindesten konkretisierbar. Es ist möglich, dass sich eine Unklarheit bezüglich der Geschlechtsrollenidentität entwickelt und eine konkrete Angst vor Homosexualität besteht. Die paranoide Schizophrenie entwickelt sich in späteren Lebensphasen als alle anderen schizophrenen Störungen. Dies ist aber nicht der einzige Unterschied. Bei paranoiden Schizophrenen stellen sich auch nur selten desorganisierte Merkmale ein. Die Betroffenen stehen in den meisten Fällen unter einer gewissen Anspannung und sind genau auf die Themen ausgerichtet, um die die Störung aufgebaut ist.

Der undifferenzierte Typ

Bei den Betroffenen treten alle oben genannten Symptome auf oder Merkmale, die keinem besonderen Typus zuzuordnen sind. Eine eindeutige Differenzierung zwischen den verschiedenen Typen ist somit nicht mehr möglich.

Vergleichsversuche mit schizophrenen und gesunden Versuchspersonen haben gezeigt, dass Schizophrene eine größere Sensibilität gegenüber sensorischen Stimulationen haben. Dies führt zu einer Reizüberflutung. Die Aufmerksamkeitsspanne wird verkürzt, die Ablenkbarkeit wird erhöht. Anders gesagt: Viele Reize, wie etwa Geräusche oder Gerüche, werden von Gesunden nicht bewusst registriert, das Unterbewusstsein handelt diese Reize als bekannt ab, ohne das Bewusstsein damit zu belasten. Eine an Schizophrenie erkrankte Person ist dazu jedoch nicht mehr in der Lage, sie ist nicht mehr fähig, den einzelnen Ereignissen ihre selektive Aufmerksamkeit zu schenken, und das hat dementsprechend gestörte Denkvorgänge zur Folge. Diese äußern sich besonders in einer zusammenhanglosen Sprache, da eindringende Gedanken nicht mehr geordnet werden können.
Ungefähr ein Prozent der Bevölkerung ist von Schizophrenie betroffen, doch nur ungefähr ein Viertel bis ein Drittel der Fälle finden stationäre Aufnahme in psychiatrische Kliniken. Der Großteil der Erkrankten ist bei günstigen Bedingungen wieder in Familie und Arbeitsleben zu integrieren. Diese Personen werden mithilfe von Medikamenten weitgehend wiederhergestellt.

12. Kapitel

Ein Unfall, der keiner war

Kriminalhauptkommissar Steffen Meyer erwartete Christian Lemmertz bereits am Flughafen. Kurz nachdem die Passagiere das Flugzeug verlassen hatten, wurde er ausgerufen, mit der Bitte, sich am nächsten Informationsschalter zu melden. Als der Mann sich zu erkennen gab, nahm Hauptkommissar Meyer ihn beiseite und versuchte, ihm so schonend wie möglich den Tod seiner Ehefrau, Ella Lemmertz, beizubringen. Es war eine Aufgabe, die der Ermittler nicht gern übernahm; gerade der unsensible Überfall am Flughafen behagte ihm überhaupt nicht, nur war dieser im vorliegenden Fall unumgänglich, da Lemmertz sein Haus zurzeit nicht betreten konnte. Es war nach dem Auffinden der Toten noch versiegelt.

Christian Lemmertz war sichtlich erschüttert. Meyer bot sich an, ihn in ein Hotel zu bringen, doch Lemmertz wehrte ab. Er wollte mit dem Polizisten lieber in dessen Büro fahren, um zu erfahren, was genau vorgefallen war. Meyer erleichterte dieser Wunsch ungemein, auf diese Weise würde er die ungeliebte Aufgabe so schnell wie möglich hinter sich bringen können.

Eine halbe Stunde später begann Meyer zu berichten. Ella Lemmertz war am Morgen des vorangegangenen Tages von der Haushälterin tot in der Badewanne gefunden worden. Für die zu Hilfe gerufenen Beamten hatte alles wie ein Unfall ausgesehen. Der Heizstrahler, mit dem Ella Lemmertz stets das Badezimmer beheizte, wenn sie darin war, war in die mit Wasser gefüllte Wanne gefallen, in der sie gerade gesessen hatte. Aller Wahrscheinlichkeit nach hatte sie dadurch einen tödlichen Stromschlag erlitten. Derzeit wurde ihre Leiche noch vom Rechtsmediziner untersucht, was die endgültigen Ergebnisse anbelangte, musste Meyer Lemmertz daher auf den nächsten Tag vertrösten.

Lemmertz schien ein gebrochener Mann zu sein. Der 42-Jährige hatte seine 14 Jahre jüngere Frau erst vor ein paar Monaten geheiratet. Er hatte die 28-jährige Ella auf einer Kreuzfahrt kennen gelernt. Sie hatten Pläne geschmiedet und auch bereits über Kinder gesprochen. Er konnte nicht glauben, dass nun alles vorbei sein sollte.

Meyer ließ Lemmertz in ein Hotel bringen und versprach, sich zu melden, sobald ihm die Ergebnisse des Arztes vorlägen.

Diese lagen am nächsten Morgen tatsächlich vor, sahen allerdings anders aus als erwartet. Zwar schloss der Mediziner nicht aus, dass Frau Lemmertz einen elektrischen Schlag erlitten hatte, dieser sei jedoch so gering gewesen, dass er gesundheitlich womöglich kaum Auswirkungen gehabt habe. Laut dem Bericht der Spurensicherung hatte der Stecker des Heizstrahlers nämlich nicht mehr in der Steckdose gesteckt, als der Strahler in der Badewanne gelandet war. Ella Lemmertz war also nicht durch einen Stromschlag gestorben – sie war ertrunken. Und das auch nicht aufgrund des Stromschlags, sondern weil sie jemand gewaltsam unter Wasser gezogen hatte. Das war eindeutig. Die Leiche wies an den Fesseln Griffspuren auf. Das deutete darauf hin, dass jemand an Ella Lemmertz' Füßen gezogen und ihren Kopf auf diese Weise unter Wasser gebracht hatte. Frau Lemmertz war demnach ermordet worden.

Meyer sah sich den Bericht der Spurensicherung noch einmal genauer an. Es gab keine Hinweise auf einen Einbruch, also lag es nahe, dass der Täter einen Schlüssel besessen hatte; Frau Lemmertz hatte sicher keinen Besuch ins Haus gelassen, während sie in der Wanne gewesen war. Nun gab es nur wenige Personen, die einen Schlüssel zum Haus der Lemmertz besaßen. Neben der Toten selbst waren dies, soweit Meyer wusste, nur die Haushälterin und der Ehemann, Christian Lemmertz. Die Haushälterin schied als Täterin seines Erachtens aus. Sie hatte die Tote schon lange gekannt, war ehemals ihr Kindermädchen gewesen und dann, als die Tochter aus gutem, wohlhabendem Hause herangewachsen war und einen eigenen Haushalt gegründet hatte, ihre Haushälterin.

Damit blieb nur noch der Ehemann übrig, aber der hatte ein Alibi. Meyer selbst hatte ihn vom Flughafen abgeholt. Nichtsdestotrotz überprüfte der Beamte die Flugdaten noch einmal. Zudem erkundigte er sich bei der Fluggesellschaft, ob die Angaben, die Lemmertz gemacht hatte, mit den Tatsachen übereinstimmten. Und tatsächlich: Lemmertz war zu der von ihm angegeben Zeit, nämlich drei Tage vor dem Mord, nach Rom geflogen und erst an dem Tag wiedergekommen, an dem ihn Meyer vom Flughafen abgeholt hatte.

Dennoch wurde Meyer seinen Verdacht gegen den Ehemann nicht los. Er wusste, dass die meisten Morde Beziehungstaten waren, bei denen Täter und Opfer sich kannten. Und gerade in Fällen wie diesem, in dem es um sehr viel Geld ging, nämlich um Ella Lemmertz' Vermögen, kamen Beziehungstaten immer wieder vor. Eine direkte Anfrage beim Anwalt der Lemmertz' verstärkte Mayers Verdacht: Alleinerbe von Ella Lemmertz Vermögen war ihr Ehemann Christian. Und der verdiente am Tod seiner Frau nun gewaltig, da diese früh Waise geworden war und stets von den Ersparnissen ihrer immens reichen Eltern hatte leben können. Der Anwalt erklärte, dass Ella vor der Hochzeit nicht einmal einen Ehevertrag hatte abschließen wollen. Er hatte ihr dazu geraten, aber sie hatte all seine Warnungen in den Wind geschlagen. Sie war verliebt gewesen und hatte von etwaigen späteren Eheproblemen nichts wissen wollen. Auch die Vermögensverhältnisse ihres Zukünftigen hatte sie nicht überprüfen lassen wollen. Sie wisse, dass Christian reichlich eigenes Geld besäße und auf ihr Vermögen nicht angewiesen sei, hatte sie ihrem Anwalt gesagt, alles andere sei für sie uninteressant. Der Anwalt hatte das Thema schließlich fallen lassen, war aber besorgt gewesen.

Meyer konzentrierte seine weiteren Ermittlungen nun auf den Witwer der Verstorbenen. Er suchte ihn zunächst noch einmal auf, unter dem Vorwand, ihm die neuesten Erkenntnisse im Fall seiner verstorbenen Frau mitteilen zu wollen. Lemmertz schien sich mittlerweile etwas gefasst zu haben, konnte es aber anscheinend kaum fassen, dass seine Frau ermordet worden sein sollte. Ganz vorsichtig versuchte Meyer, mehr über sein Gegenüber in Erfahrung zu bringen. Was Lemmertz denn die letzten Tage in Rom gemacht habe, wollte er wissen, ob er geschäftlich dort gewesen sei? Lemmertz verneinte. Er habe derzeit keine geschäftlichen Verbindungen. Er habe ausreichend Geld geerbt, so dass er ein unabhängiges Leben führen könne. Er sei wegen einer Kunstausstellung in Rom gewesen, auf der er ein paar Stücke habe erwerben wollen, was er dann schließlich aber doch nicht getan habe. Seine Frau habe ihn nicht begleitet, da sie kein Interesse an Kunst gehabt hätte. Während er in Rom gewesen sei, habe er regelmäßig mit ihr telefoniert, und als sie bei seinem letzten Anruf nicht ans Telefon gegangen sei, habe er angenommen, dass sie einer Verabredung nachgekommen sei. Dass ihr etwas zugestoßen sei, habe er nicht ahnen können. An dieser Stelle brach Lemmertz in Tränen aus und begann, sich Selbstvorwürfe zu machen. Wäre er nicht zu Hause geblieben, wäre das alles nicht passiert.

Meyer kontaktierte nach diesem Gespräch seine Kollegen in Rom, und bat sie, einige Ermittlungen für ihn durchzuführen. Vor allem wollte er wissen, in welchem Hotel Lemmertz abgestiegen war und wann er dort ausgecheckt hatte.

Zwei Tage später hatte er die vollständigen Ergebnisse vorliegen. Lemmertz war im Hotel Excelsior abgestiegen und dort auch bis zu seinem Abflug am Tag nach dem Mord geblieben. Allerdings konnte keiner der Angestellte sagen, wann er jeweils das Hotel betreten oder verlassen hatte, da er seinen Schlüssel immer bei sich getragen hatte. Im Hotel war allgemein bekannt, dass Lemmertz Kunstliebhaber war, der sich auf der Suche nach seltenen und schönen Stücken befand. Ob er bei seinem letzten Aufenthalt etwas erworben hatte, wusste man jedoch nicht.

Meyer versuchte noch, über die Nachbarn der Lemmertz weitere Hinweise zu erhalten, doch die konnten ihm auch nicht weiterhelfen. Sie hatten keine verdächtigen Beobachtungen gemacht, nicht zuletzt deswegen, weil das Grundstück der Lemmertz nur schwer einsehbar war. So musste Meyer sich wohl oder übel damit abfinden, den Täter, wer immer es auch war, nicht fassen zu können.

Ella Lemmertz Leiche wurde schließlich von der Staatsanwaltschaft zur Beerdigung freigegeben. Die Beisetzung fand unter den wachsamen Augen der Presse statt. Es waren auch viele Gäste geladen, die dem Witwer, der die Beerdigung kaum zu überstehen schien, Beistand leisteten. Gestützt von einer Freundin seiner Frau hielt er sich scheinbar nur mit Mühe aufrecht. Meyer sah zu, wie Frau Lemmertz beigesetzt wurde, und hatte das Gefühl, etwas übersehen zu haben. Das Schauspiel, das sich ihm bot, schien ihm arg konstruiert, aber er konnte nichts beweisen.

Einige Tage nach der Beerdigung erhielt Meyer einen merkwürdigen Anruf aus einem fast 900 Kilometer entfernten Ort in Österreich. Die Anruferin war die 30-jährige Heidelinde Walczak. Sie macht einige beunruhigende Angaben. Nach einem kurzen Telefonat, versprach sie Meyer, am nächsten Tag bei ihm auf der Dienststelle zu sein.

Kaum 24 Stunden nach der ersten Kontaktaufnahme saß die junge Frau dem Polizisten gegenüber und erzählte ihm noch einmal ganz ausführlich, was sie ihm am vorangegangenen Tag bereits telefonisch geschildert hatte: Vor drei Jahre hatte ihre Mutter einen Mann geheiratet, der fast zehn Jahre jünger gewesen war als sie selbst. Sie hatte ihn während eines Urlaubs auf den Malediven kennen gelernt, und als sie wieder zu Hause war, hatte der Mann regelmäßig bei ihr angerufen. Nach einigen Telefongesprächen hatten sie begonnen, sich regelmäßig zu treffen, und drei Monate später hatten sie geheiratet. Ihre Mutter, so erklärte Heidelinde Walczak, sei sehr vermögend gewesen, und ihre Urlaubsbekanntschaft schien auch nicht gerade arm gewesen zu sein. Ein halbes Jahr nach der Hochzeit war ihre Mutter plötzlich verstorben. Allem Anschein nach war sie einem Unfall zum Opfer gefallen. Der Fernseher, der im Badezimmer installiert gewesen war, hatte sich aus seiner Befestigung gerissen und war in die Wanne gefallen, in der ihre Mutter gerade gebadet hatte. Die Halterungen hatten sich aus irgendeinem Grund gelockert. Heidelide Walczak hatte die Unfalltheorie akzeptiert, bis zu dem Tag, als sie in der österreichischen Presse von dem Mord an Ella Lemmertz gelesen und in den Klatschspalten Bilder von der Toten und ihrem Mann gesehen hatte. Da hatte sie der Schlag getroffen: Der gramgebeugte Witwer auf den Fotografien hatte genauso ausgesehen wie ihr Stiefvater. Allerdings kannte sie diesen unter einem anderen Namen, nämlich Christoph Langner. Frau Walczak war dennoch davon überzeugt, dass es sich um ein und denselben Mann handelte. Für sie war damit klar, dass ihre Mutter keinem Unfall zu Opfer gefallen war, sondern dass ihr Stiefvater sie vorsätzlich getötet hatte, ebenso wie er später Ella Lemmertz tötete.

Meyer fragte Frau Walczak, ob ihr Stiefvater vom Tod ihrer Mutter profitiert habe. Walczak bejahte dies. Einen Ehevertrag, der ihn als potenziellen Erben ausgeschlossen hätte, hatte es nie gegeben. Langner hatte einen solchen zwar von sich aus angeboten, allerdings hatte ihre Mutter das abgelehnt; Langner schien ihr sehr vermögend gewesen zu sein, und sie war außerdem der Meinung gewesen, in ihm ihre große Liebe gefunden zu haben. Seit dem Tod ihres ersten Gatten, 15 Jahre zuvor, war ihre Mutter sehr einsam gewesen, und Langner war der erste Mann gewesen, der ihre Mutter wieder glücklich gemacht hatte. Auch sie selbst sei von Langner begeistert gewesen, gestand Frau Walczak, er habe Charme besessen, sei sehr intelligent und auf den ersten Blick sehr bodenständig gewesen. Nie, so erklärte sie, wäre sie auf den Gedanken gekommen, dass er nicht der gewesen sei, der er zu sein vorgegeben hatte.

Meyer fragte Frau Walczak, ob sie wisse, wie Lemmertz alias Langner sein Geld verdiene. Und auch von ihr erfuhr er, was er bereits von Ella Lemmertz Anwalt sowie von Lemmertz/Langner selbst erfahren hatte: Der Mann ging offenbar keiner Arbeit nach, da er ein Vermögen geerbt hatte, dass ihn unabhängig machte.

Meyer war nun sicher, dass sein Verdacht gegenüber Ella Lemmertz Gatten begründet war. Und er wusste, was er übersehen hatte. Er rief bei allen infrage kommenden Fluglinien an, um herauszufinden, ob der vermeintliche Hochstapler noch andere Flüge von und nach Rom gebucht hatte, möglicherweise unter einem anderen Namen. Seine Gesprächspartner bat er, ihm die Namen aller Passagiere zu nennen, deren Initialen »C. L.« lauteten. Der Verdächtige hatte immerhin schon in zwei Fällen mit diesen Initialen operiert, warum nicht noch einmal?

Nach einigen Tagen lag ihm das Ergebnis seiner Rechercheaufträge vor. Zwei Fluggesellschaften hatten ihm insgesamt fünf Namen zukommen lassen, die passen konnten. Meyer ließ diese Namen überprüfen, danach blieb als einziger Verdächtiger ein Mann namens Claus Lister übrig. Wie sich herausstellte, schien dies der richtige Name des Mannes zu sein, der allem Anschein nach mindestens zwei Frauen auf dem Gewissen hatte. Laut Polizeicomputer war Lister bereits im Alter von 25 Jahren das erste Mal wegen Heiratsschwindel verurteilt worden, und zwar in zwei Fällen. Allerdings hatte er die Frauen, die ihn damals angezeigt hatten, nur finanziell ruiniert, nicht ermordet.

Meyer beschaffte sich ein Polizeibild von Claus Lister und erkannte in ihm sofort seinen Verdächtigen wieder. Zwar war der vermeintliche Christian Lemmertz zwanzig Jahre älter als der Mann auf dem Foto, doch die Gesichtszüge waren unverkennbar.

Noch am selben Trag nahm Meyer Claus Lister fest und führte ihn dem Haftrichter vor. Lister legte ein vollständiges Geständnis ab: Nach der Haft, zu der er nach den ersten Betrügereien verurteilt worden war, hatte er sich zunächst mit Gelegenheitsarbeiten und kleinen Gaunereien über Wasser zu halten versucht. Später dann, mit Mitte 30, hatte er bei einem Reiseveranstalter eine Stelle als Animateur angenommen. Auf diesem Wege hatte er allein stehende Frauen kennen gelernt, die zum Teil nicht unvermögend gewesen waren. Seine erste richtige Ehe war er mit 36 Jahren eingegangen. Er hatte die Frau ausschließlich ihres Geldes wegen geheiratet und es war reiner Zufall gewesen, dass sie bei einem Verkehrsunfall ums Leben gekommen war und ihm sein gesamtes Vermögen hinterlassen hatte. Lister war dadurch zu einem wohlhabenden Mann geworden. Allerdings war ihm das Geld schnell ausgegangen, woraufhin er abermals nach einer reichen Frau Ausschau gehalten hatte. Da war ihm jedoch bereits klar gewesen, dass er bei der nächsten Ehe nicht auf einen Zufall würde warten wollen, sondern beim Tod der Zukünftigen ein bisschen nachhelfen würde. Ein inszenierter Unfall schien ihm die unauffälligste Methode zu sein. Daher hatte er das Stormschlagszenario erdacht. All seine Frauen waren seitdem in der Badewanne gestorben. Bei seinem ersten Mord war Lister 38 Jahre alt gewesen. Seitdem hat er vier Mal geheiratet. Jeder Mord war so abgelaufen, wie er es geplant hatte. Er hatte es jeweils so eingerichtet, dass er zum Todeszeitpunkt offiziell nicht zu Hause war, war jedoch stets heimlich zurückgekehrt, angeblich um seine Frauen zu überraschen. Er hatte sie dann immer überredet, ein Bad zu nehmen, und angeboten, ihnen den Rücken zu schrubben, dabei hatte er dann ein unter Strom stehendes Gerät ins Wasser geworfen. Danach hatte er den Tatort üblicherweise verlassen und war erst ein oder zwei Tage später offiziell zurückgekehrt. Bei Ella Lemmertz war sein Plan jedoch nicht aufgegangen. Das Kabel des Heizstrahlers war zu kurz gewesen, so dass er es, beim Versuch den Strahler in die Wanne zu werfen, aus der Steckdose gerissen hatte. Ella hatte dadurch nur einen kleinen Stromschlag abbekommen. Als sie daraufhin versucht hatte, aus der Wanne zu steigen, hatte er sie an den Füßen gepackt und so ihren Kopf unter Wasser gezogen. Anschließend hatte er wie geplant das Haus verlassen, war unter seinem richtigen Namen nach Rom zurückgeflogen und hatte dort zwei Tage gewartet, bevor er offiziell zurückgekehrt war.

Lister wurde zu lebenslanger Haft verurteilt. Er hat bereits in Untersuchungshaft Briefkontakt zu einer wohlhabenden Frau aufgenommen, die eine Kontaktanzeige aufgegeben hatte. Sie hat bei Gericht um die Erlaubnis gebeten, Lister im Gefängnis heiraten zu dürfen.

13. Kapitel

Der Autobahnmörder

Als der erste Tote auf einem Autobahnrastplatz an der A7 in der Nähe von Flensburg gefunden wurde, ging man noch von einem Einzelfall aus. Ein Unbekannter hatte dem 45-jährigen LKW-Fahrer Herbert Neumann aus nächster Nähe eine Ladung Schrot, Kaliber 12, in den Kopf geschossen. Der Mann war allem Anschein nach sofort tot gewesen. Nachdem man festgestellt hatte, dass der Laderaum des LKW halb leer war, hatte man einen Raubmord vermutet. Die Spedition, bei der der Tote gearbeitet hatte, konnte jedoch versichern, dass der Fahrer zum Zeitpunkt seines Todes bereits einen Teil seiner Ladung abgeladen hatte. Die restliche Fracht, die für einen anderen Kunden gedacht war, war noch vollzählig. Ein Raub lag demnach nicht vor.

Also gingen die Ermittler von einem privaten Rachefeldzug aus. Sie durchleuchteten das Privatleben des Mannes, fanden aber nichts, was darauf schließen ließ, dass er sich jemanden zum Feind gemacht hatte. Auch hatte er, nach Angaben der Witwe, in letzter Zeit keine Drohungen erhalten.

Zeugen für die Tat gab es nicht. Sie war auf einem jener bundesweiten Rastplätze geschehen, an denen kein Service angeboten wird, sondern lediglich ein Toilettenhäuschen steht. Zum

Zeitpunkt der Tat hatte bis auf den Toten niemand diesen Rastplatz genutzt.

Nach einigen Wochen der Ermittlungen hatten die Beamten alle Lösungsansätze für diesen Fall erschöpft, ohne auch nur einen Schritt weitergekommen zu sein. Der Fall schien unlösbar und wurde vorerst beiseite gelegt.

Drei Wochen später ereignete auf einem anderen Autobahnrastplatz, etwa 200 Kilometer südlich des ersten Tatorts, ein ähnliches Verbrechen. Dieses Mal war eine junge Frau, die auf dem Weg nach Würzburg befunden hatte, ermordet worden. Auch ihr hatte man mit einer Schrotflinte in den Kopf geschossen. Und wie schon im ersten Fall gab es keine Zeugen, keine Spuren und keine anderweitigen Hinweise auf den Täter.

Hatte man nach der ersten Tat noch gehofft, es mit einem bedauernswerten Unfall zu tun zu haben, so war nach acht Wochen und zwei weiteren Opfern klar, dass jemand ganz gezielt Jagd auf Autofahrer machte. Der einzig positive Aspekt war, dass sich die Tatorte auf Parkplätze in einem Umkreis von 200 Kilometern um Flensburg beschränkten. Zwar schien der Täter mobil zu sein, sein Aktionsradius war aber anscheinend trotzdem erheblich eingeschränkt.

Die Streifenfahrten der Autobahnpolizisten wurden nun intensiviert, es wurden mehr uniformierte und auch zivile Kräfte eingesetzt, um möglichst überall zur gleichen Zeit sein zu können, aber der Täter war immer im Vorteil. Er schlug nur nachts zu und konnte nach der Tat stets unerkannt verschwinden. Interessanterweise überfiel er immer nur Fahrzeuge, in denen nur eine Person saß.

Hinter den Parkplätzen, die als Tatorte gewählt wurden, gab es entweder immer Versorgungswege für das Personal, das die Toiletten in Ordnung hielt, oder Feldwege, die von Bauern mit angrenzenden Äckern genutzt wurden. Man vermutete, dass der Täter sich über diese Wege an seine Opfer heranschlich und auch wieder verschwand. Mit einer scharfen Waffe über die

Autobahn zu fahren wäre zu gefährlich gewesen; bei den verstärkten Polizeikontrollen wäre der Täter mit Sicherheit aufgefallen. Da Hochsommer war und es seit Wochen nicht mehr geregnet hatte, war es jedoch unmöglich, auf den Versorgungs- oder Feldwegen eventuelle Reifenspuren sicherzustellen.

Kurz nach dem vierten Mord wurde ein junger Mann festgenommen, der von einer Polizeistreife nahe der Autobahn gestellt worden war. Er hatte, ein Stück entfernt vom Hof seiner Eltern, Schießübungen mit einer Schrotflinte gemacht. Seine Eltern hatten davon nichts gewusst. Zunächst glaubte man, den Autobahnmörder endlich gefunden zu haben. Die Waffe wurde beschlagnahmt und im kriminaltechnischen Labor untersucht, während der gerade einmal 16-jährige Schütze vernommen wurde. Nach der Untersuchung der Flinte war jedoch klar, dass sie zwar vom selben Kaliber war wie die Waffe in den vier Mordfällen, dass es sich jedoch nicht um die Tatwaffe handelte.

Nach fast zwölf Wochen geschah dann etwas, was den Ermittlern den Durchbruch bringen sollte. In einem kleinen Wald bei Flensburg nahe der Autobahn wurde die Leiche eines Mannes gefunden. Auch er war mit einer Schrotflinte Kaliber 12 erschossen worden; es war, wie sich herausstellte, dieselbe Waffe wie bei den Autobahnmorden gewesen. Man stellte sich nun die Frage: Wieso hatte der Täter seine Taktik geändert? Der Fundort der Leiche ließ darauf schließen, dass das Opfer ein Spaziergänger gewesen war. Das komplette Waldstück war nur zu Fuß zu durchstreifen gewesen, mit einem Auto hatte man nicht dorthin gelangen können.

Mittlerweile hatte Hauptkommissar Volker Becker die Ermittlungen übernommen. Wie die vor ihm ermittelnden Kollegen vermutete er, dass der Täter aus der Nähe von Flensburg kam. Der jetzige Fall schien dies zu bestätigen, denn nicht nur das Opfer, auch der Täter hatte in diesem Gebiet zu Fuß unterwegs sein müssen. Daher konnte man vermuten, dass letzterer aus der unmittelbaren Umgebung stammte.

Becker versuchte methodisch vorzugehen. Der Täter besaß eine Schrotflinte, die er irgendwo gekauft haben musste, also führte ihn sein erster Weg zu den nahe gelegenen Waffenhändlern. Von allen ließ er sich eine Liste der Kunden geben, die kürzlich Schrotflinten mit Kaliber 12 gekauft hatten. Entgegen seiner Erwartungen war die Liste nicht besonders lang. Die Käufer waren fast ausschließlich Bauern aus der Umgebung. Es handelte sich um sieben Personen. Bis auf einen, konnten sie dem Beamten die infrage kommenden Waffen auch vorzeigen. Die Ausnahme war Hinrich Jensen. Er konnte seine Waffe angeblich nicht finden. Eigenen Angaben zufolge hatte er sie seit einem halben Jahr nicht mehr gesehen. Er hatte sich aber auch keine Gedanken über ihren Verbleib gemacht, weil er öfter Dinge verlegte. Irgendwann würde sie sicher wieder auftauchen. Auf Nachfrage der Beamten hin gab Jensen an, sich die Waffe gekauft zu haben, weil einige seiner Kühe von einem Ripper dahin gemetzelt worden waren. Nachdem man der Täter gefasst hatte, hatte er die Waffe jedoch weggepackt, da er sie eigentlich nicht im Haus hatte haben wollen. Jensen wirkte vollkommen unbefangen und schien ein reines Gewissen zu haben. Er fragte Becker, warum er denn das alles wissen wollte, und Becker klärte ihn über seine Ermittlungen auf. Er war sich sicher, dass Jensen nicht der Autobahnmörder war. Becker fragte den Alten noch, ob man ihm die Waffe möglicherweise gestohlen haben könnte, was der Landwirt jedoch verneinte. Allerdings könne er nicht dafür bürgen, dass sich jemand sich die Waffe ausgeliehen habe. Man befände sich hier in einer kleinen Dorfgemeinschaft, erklärte Jensen dem etwas verblüfften Beamten, und es sei durchaus üblich, dass man, auch ohne zu fragen, hin und wieder etwas von einem Nachbarn nahm, was dieser gerade nicht brauchte, natürlich nur in der Gewissheit, es bald wieder zurückzugeben. In diesem Moment kam der Sohn des Hauses hinzu.

Martin Jensen wurde von seinem Vater gefragt, ob er etwas

über den Verbleib seiner Schrotflinte wisse, gleichzeitig stellte er ihm den Beamten vor. Letzterer war erstaunt, als er sah, wie der Junge auf die Frage seines Vaters reagierte. Der etwa 20 Jahre alte Mann wurde abwechselnd blass und rot und schüttelte nur stumm den Kopf, dann drehte er sich um und ging. Auch Becker verabschiedete sich daraufhin schnell. Etwas an dem Benehmen des Jungen hatte ihn gestört. Es konnte nicht schaden, ihn zu beobachten. Der Ermittler verließ den Hof und stellte sich in sicherer Entfernung auf. Er war sicher, dass er nicht lange würde warten müssen. Und tatsächlich: Nach etwa einer halben Stunde sah er, wie Martin Jensen in ein Auto stieg und das elterliche Gehöft verließ. Becker hatte das Fahrzeug des Landwirts gesehen, es war ein Geländewagen. Sein Sohn hingegen fuhr einen VW Golf älteren Baujahrs. Becker folgte ihm in sicherem Abstand. Nach ein paar Kilometern hielt der Golf an einem See, und Martin Jensen stieg aus. Er ging zum Kofferraum und begann, darin etwas zu suchen. Als er sich schließlich aufrichtete, hielt er ein längliches Paket in der Hand. Becker war davon überzeugt, dass es sich dabei um das gesuchte Gewehr handelte. Beckers Besuch hatte Martin Jensen aufgeschreckt, er war aller Wahrscheinlichkeit nach der gesuchte Autobahnmörder und versuchte nun, die Tatwaffe verschwinden zu lassen. Becker beobachtete, wie der junge Mann das verdächtige Paket in den See warf, wieder in sein Fahrzeug stieg und den Weg zurückfuhr, den er gekommen war.

Becker ließ das Paket kurze Zeit später von Tauchern bergen. Es enthielt tatsächlich eine Schrotflinte. Und eine Untersuchung von Ballistikern im kriminaltechnischen Labor in Flensburg ergab, dass es sich zweifellos um die Waffe des Autobahmörders handelte.

Noch am selben Tag wurde Martin Jensen festgenommen.

Der Psychiater Dr. Roland Taubner nahm sich des Falls als Gutachter an. Er rollte Jensens gesamtes Leben auf: Seine Kindheit war zunächst unauffällig verlaufen. Als zweites von vier Geschwistern war er in einem liebevollen und warmherzigen Elternhaus aufgewachsen. Der Vater hatte den Hof vom Großvater übernommen, und auch wenn es finanziell nicht immer rosig um die Familie bestellt gewesen war, so war doch stets darauf geachtet worden, dass es den Kindern an nichts mangelte. Zwar hatten sie mit zunehmendem Alter auch einige Verpflichtungen auf dem Hof übernehmen müssen, doch nichts davon hatte sie ernstlich überfordert. Im Grundschulalter war Jensen noch ein durchschnittlicher Schüler gewesen. Seine ehemaligen Lehrer bezeichneten ihn durchweg als höflich, zurückhaltend und zuvorkommend. Seine Leistungen waren zwar nicht herausragend gewesen, aber immerhin so gut, dass er auf das Gymnasium hatte wechseln können. Hier war es jedoch mit seinem Fleiß zu Ende gewesen. Schon nach der fünften Klasse hatte Jensen die Schule verlassen müssen und war auf die benachbarte Realschule gewechselt. Dort waren seine Leistungen zwar ein wenig besser geworden, aber große Mühe hatte er sich auch hier nicht gegeben. Jensen hatte sich zu dem entwickelt, was man einen Stubenhocker nennt. Er hatte seinem Vater auf dem Hof geholfen, war aber ansonsten für sich geblieben. Freunde hatte er allerdings auch zu Grundschulzeiten nicht gehabt. Sein Vater hatte ihn eines Tages bei der Jugendfeuerwehr untergebracht, aber dort hatte er es nicht lange ausgehalten, weil er nicht besonders sportlich gewesen war und sich gegen seine Mitstreiter daher nur schwer hatte behaupten können. Anschließend hatte er verschiedene Sportarten ausprobiert, aber nichts hatte ihn längere Zeit fesseln können, so dass er schnell immer wieder aufgegeben hatte.

Jensen hatte bereits in jungen Jahren festgestellt, dass ihn Gewalt erregte. Seine erste Erektion hatte er mit elf Jahren bei einem Gewaltvideo gehabt, das er sich heimlich, ohne das Wissen seiner Eltern, angesehen hatte. Szenen, in denen Menschen mit Schusswaffen ermordet wurden, hatten ihn stets besonders stark erregt. Sexuelle Aufklärung war im Hause Jensen kein

Thema gewesen. Aufkommende Fragen der Kinder waren bestenfalls knapp oder, wenn es den Eltern besonders peinlich war, auch ausweichend beantwortet worden. Und in der Schule waren auch nicht mehr als der Geschlechtsakt und seine biologischen Folgen behandelt worden; über Sexualität und sexuelle Entwicklung hatte man jedoch nicht gesprochen.

Irgendwann war es Jensen nicht mehr genug gewesen, Waffen nur im Fernsehen anzusehen, und er hatte seinen Vater gebeten, ihn wöchentlich zum Schützenverein begleiten zu dürfen. Dieser war froh gewesen und gern auf seine Bitte eingegangen, weil er glaubte, dass sein Sohn endlich etwas gefunden hatte, was ihm Spaß bereitete. Allein der Anblick von Waffen hatte Jensen so stark erregt, dass er fast in Ekstase geraten war. Aber bald hatte ihm auch das nicht mehr gereicht, und zu seinem 14. Geburtstag hatte er sich ein Kleinkalibergewehr gewünscht. Als er es bekommen hatte, hatte er sofort begonnen, es zu streicheln. Seinen Eltern war das merkwürdige Verhalten nicht aufgefallen. Dem Gutachter erzählte Jensen später, dass er, sobald er abends allein in seinem Zimmer gewesen war, das Gewehr gestreichelt, geküsst und an sich gedrückt hatte. Es hatte ein starkes sexuelles Verlangen in ihm geweckt, und er hatte nicht erwarten können, es endlich benutzen zu dürfen. Ein Schauer war ihm bei diesem Gedanken über den Rücken gelaufen und er hatte starke Erektionen bekommen. In dieser Zeit hatte er begonnen, mit dem Gewehr unter dem Arm durch die angrenzenden Wälder zu streifen. Er hatte auf mitgenommene Dosen und Flaschen geschossen und sich dadurch sexuelle Befriedigung beschafft. Doch auch diese Form des Lustgewinns hatte irgendwann ein Ende gehabt, die Befriedigung war immer öfter ausgeblieben. Daher hatte Jensen nach Tieren gesucht, die er töten konnte. Dabei war er einmal von einem Freund seines Vaters erwischt worden, der ihn daraufhin wegen Tierquälerei angezeigt hatte. Martin hatte dem Richter erklärt, dass er das Tier aus Versehen getroffen hatte und ihm, als er gesehen hatte, dass es sich quälte, den Fangschuss hatte geben wollen. Dabei sei er dann erwischt worden. Da Jensen seit frühster Kindheit als freundlich und ruhig bekannt war, und seine Familie hohes Ansehen genoss, hatte der Richter ein Einsehen gehabt. Jensen war lediglich zu Sozialstunden im nahe gelegenen Seniorenwohnheim verurteilt worden.

Sein Vater hatte von nun an jedoch vermehrt darauf geachtet, dass Martin mit seiner Waffe nicht mehr allein umherzog. Damit waren seine Ausflüge beendet gewesen. Stattdessen hatte er seine Waffe wieder mit ins Bett genommen und war mit ihr im Arm eingeschlafen. Er hatte sie wie früher gestreichelt und an ihr geleckt. Darüber hinaus hatte er sich solange an ihr gerieben, bis er zum Höhepunkt kam. Die Waffe war für ihn zu einer Geliebten geworden, mit der keine Frau mithalten konnte. Eine Freundin hatte er ohnehin nicht haben wollen, für Mädchen hatte er keinerlei Interesse aufgebracht. Sie hätten ihm, so dachte er, nicht das geben können, was er brauchte.

Da er nicht mehr hatte umherziehen können, um Tiere zu töten, hatte Jensen sich Computerspiele gekauft, in denen er Menschen erschießen konnte. Dabei hatte eine neue, heftigere Art der Erregung von ihm Besitz ergriffen. Er hatte das Gefühl auf Menschen zu schießen, selbst wenn es sich nur um Computeranimationen gehandelt hatte, als unglaublich erregend empfunden. Zu dieser Zeit hatte sein Vater dann auch die Schotflinte gekauft. Er hatte sie jedoch nie gebraucht und offenbar irgendwann vergessen, Martin jedoch nicht. Diese Waffe war viel schöner gewesen als seine eigene, und er hatte sie haben wollen, um sie zu streicheln und auch sie zu seiner Geliebten zu machen. Die Computerspiele waren gegenüber dieser neuen Fantasie immer mehr verblasst. Eines Tages hatte Martin die Waffe dann endlich aus dem Schuppen geholt. Ihm war vor Erregung der Schweiß ausgebrochen, und er hatte nach der Munition gesucht, die sein Vater in einem kleinen Schrank in seinem Büro aufbewahrte. Bald war es ihm gelungen, an sie heranzukommen, und er hatte die Waffe mit zitternden Händen geladen. Mittlerweile hatte er den Führerschein gemacht und sein Vater hatte ihm einen kleinen Wagen geschenkt. Diesen hatte er nun genommen, um zu einer einsamen Stelle zu fahren, wo er Schießübungen machen konnte.

Die Stelle, die er sich ausgesucht hatte, hatte sich in der Nähe eines Autobahnrastplatzes befunden. Irgendwann hatte er sich auf den Parkplatz geschlichen, um die rastenden Fahrer dort zu beobachten. Zum Spaß hatte er dabei auf die Köpfe der Leute gezielt und festgestellt, dass er am liebsten sofort abgedrückt hätte. Er hatte gemerkt, wie es bei dem Gedanken, einem Menschen mit der neuen Geliebten in den Kopf zu schießen, zu einer Erektion bei ihm kam. Allerdings war ihm klar gewesen, dass er eine solche Tat am helllichten Tage niemals wagen durfte. Die Gefahr, beobachtet zu werden, war eindeutig zu groß. Daher hatte er bis zum Abend gewartet, um auf die Jagd zu gehen.

Er hatte es kaum erwarten können. Nach dem Abendessen hatte er sich von seinen Eltern verabschiedet, mit der Begründung, dass er, der mittlerweile als Automechaniker arbeitete, sich noch mit Kollegen zu einem Bier treffen würde. Er war zu der Stelle gefahren, die er bereits am Nachmittag ausgesucht hatte, und hatte gewartet. Er hatte jedoch eine ganze Zeit im Gebüsch ausharren müssen, bis die Bedingungen eingetreten waren, auf die er gewartet hatte. Ein LKW war auf den Parkplatz gekommen. Martin hatte gewartet, bis das einzige andere Auto, das noch auf dem Rastplatz gestanden hatte, verschwunden war. Dann hatte er sich aus seiner Deckung gewagt und war auf den LKW-Fahrer zugegangen, der sein Fahrzeug verlassen hatte, um sich die Beine zu vertreten. Ohne ein Wort zu sagen, hatte er angelegt und dem Mann aus nächster Nähe in den Kopf geschossen. Die Befriedigung, die er dabei empfunden hatte, hatte alles Vorangegangene übertroffen, und er hatte gewusst, dass er nun seine wahre Leidenschaft gefunden hatte. Er hatte endlich den Schritt getan, auf den er seit Jahren hingearbeitet hatte, und zum ersten Mal in seinem Leben hatte er sich tatsächlich glücklich und befreit gefühlt. Er hatte sofort gewusst, dass er weiter töten würde, war sich jedoch auch darüber im Klaren gewesen, dass er vorsichtig sein musste. Er durfte nicht zu oft zuschlagen, wenn er nicht erwischt werden wollte. Auch durfte er nicht immer am selben Ort agieren. Daher hatte er sich einen Radius von ungefähr 200 Kilometern gesetzt, dort nach den für seine Zwecke am besten geeigneten Parkplätze gesucht und diese auf einer Karte vermerkt. Ausschlaggebend war für ihn gewesen, dass die Plätze relativ einsam lagen und am rückwärtigen Teil durch einen Versorgungs- oder Feldweg zu erreichen waren. Er hatte sein Fahrzeug dann jeweils in sicherer Entfernung abgestellt und sich an den Parkplatz herangeschlichen. Die Zeit zwischen den Morden hatte er sich zu vertreiben versucht, indem er sich, vornehmlich abends im Bett, die Morde mit der Waffe in der Hand immer und immer wieder ins Gedächtnis gerufen und sich dabei selbst befriedigt hatte. Außerdem hatte er die Zeitungsberichte über seine Morde gesammelt. Diese wurden später unter dem Bett in seinem Zimmer gefunden.

Der Richter folgte in einem späteren Verfahren nicht dem Antrag der Staatanwaltschaft, die eine lebenslange Freiheitsstrafe gefordert hatte. Martin Jensen wurde, da er zur Tatzeit noch keine 21 Jahre alt gewesen war, nach Jugendstrafrecht zu 10 Jahren Haft verurteilt, mit anschließender Einlieferung in einer psychiatrischen Klinik.

Fetischismus

Wenn man im Lexikon unter »Fetisch« nachschlägt, wird man sinngemäß Folgendes zu lesen bekommen: »Der Fetisch ist ein Gegenstand, dem übermenschliche Kräfte zugeschrieben werden. Fetischismus ist der Glaube an Fetische. Ebenso die sexuelle Fixierung auf Gegenstände.«
Jeder hat den Begriff »Fetischismus« schon einmal im Zusammenhang mit sadomasochistischen Praktiken gehört, wobei es darum geht, Stiefel, Lack- oder Lederobjekte in sexuelle Praktiken miteinzubeziehen. Beim Fetischismus ist zur sexuellen Befriedigung kein Geschlechtspartner nötig, denn sie wird ausschließlich durch einen bestimmten Gegenstand erzielt.
Bei Fetischmorden handelt es sich um sexuell motivierte Straftaten, was auf den ersten Blick nicht unbedingt deutlich wird. Klar ist jedoch, dass es sich bei solchen Morden nicht um einen Zwang, sondern um einen Drang handelt. Der Unterschied liegt darin, dass sich die Täter, die einem Tötungszwang unterliegen, nicht beherrschen können, einen Drang kann man jedoch unterdrücken. Bei einem Tötungsdrang geht der Täter wohl überlegt vor. Wenn er befürchtet, beobachtet zu werden, rückt er von seinem Vorhaben ab und wartet auf einen besseren Zeitpunkt. Auch das potenzielle Opfer kann den Täter von seinem Vorhaben abbringen, etwa indem sein Auftreten ihn so verunsichert, dass er sich nicht mehr traut, seine Tat durchzuführen. Mitunter kann es aber auch sein, dass ein Fetischtäter von seinem Vorhaben abrückt, weil sich bereits vor der eigentlichen Tat die sexuelle Befriedigung eingestellt hat. Sehr häufig ist es sogar so, dass einem Fetischmord diverse Fehlversuche vorausgegangen sind, nämlich Fälle, in denen sich der Täter von seinem Vorhaben hat abbringen lassen. Solche Fehl-

versuche sind deutliche Zeichen dafür, dass Fetischmorden ein Drang zugrunde liegt, der sich unterdrücken, ja beherrschen lässt. Anders als bei einem Zwang, bei dem der Täter unabhängig von seinem Willen agiert, werden hier die Handlungen willentlich beeinflusst. Auch juristisch gesehen, macht das einen großen Unterschied: Ist zwanghaftes Verhalten, rein rechtlich gesehen, entschuldbar, so wird der Tötungsdrang als unentschuldbar gewertet.
Der Fetischtäter will seine Bedürfnisse ausleben. Er will nicht andauernd gegen seinen Drang ankämpfen und gibt sich ihm schließlich hin. Später jedoch erklärt er seine Tat als zwanghaft. Zwar mag er sie tatsächlich so empfunden haben, nichtsdestotrotz hat er sich freiwillig dafür entschieden. Kommt es zu einer wechselseitigen Bezugnahme zwischen Opfer und Täter, brechen allerdings alle Dämme. Der Täter kann sich nicht mehr zurückhalten, obwohl er weiß, dass das, was er tut, moralisch und rechtlich verwerflich ist. Auch wenn hier mangelndes Steuerungsvermögen zum Tragen kommt, werden solche Fälle strafrechtlich verfolgt und verurteilt.
Viele Fetischtäter kehren nach der Tat gern an den Tatort zurück, um die Phase der Erregung und Befriedigung erneut zu durchleben. Entweder begutachten sie den Tatort noch einmal ganz genau oder sie beobachten, wie die Leiche geborgen wird. Es hat auch schon Fälle gegeben, in denen ein Täter selbst die Polizei an den Tatort rief, ohne die eigene Verwicklung in den Fall zu erklären. Dieser Vorgehensweise liegt ein Machtkomplex zugrunde. In dem Moment, in dem sich die Täter unter die Schaulustigen mischen oder gar selbst die Polizei informieren, macht sich ein Gefühl des Triumphes in ihnen breit und sie genießen die Macht, die sie gegenüber den Ordnungskräften ausüben. Denn eines haben fast alle Serienmörder gemein: Sie glauben, dass sie unbesiegbar sind.

14. Kapitel

Falsche Fährten

Zunächst waren die Nachbarn nur verärgert. Aus der Wohnung des netten jungen Paars, die ansonsten ruhige und freundliche Mieter waren, drang laute Musik. Am Abend zuvor, am 13. März 2002, waren auch schon ungewöhnliche Geräusche aus der Wohnung gedrungen; man hatte leise Schreie und anstößiges Gestöhne gehört, das auf sexuelle Aktivitäten hatte schließen lassen. Als man die Ruhestörer am nächsten Tag darauf ansprechen wollte, öffneten sie die Tür jedoch nicht. Offenbar konnten sie wegen der lauten Musik die Klingel gar nicht hören. Einige Nachbarn wurden nun unruhig, andere waren erbost. Mittlerweile hatten sich mehrere Personen vor der Wohnungstür des Paars getroffen. Man beratschlagte, was zu tun sein, bis jemand auf die Idee kam, die Polizei zu rufen, um diesem Treiben ein Ende zu setzen.

Die beiden Schutzpolizisten, die kurz darauf eintrafen, sahen sich einer Meute empörter Nachbarn gegenüber. Die Musik, die aus der Wohnung drang, vor der sie standen, war wirklich unerträglich laut, ein Teil der Nachbarn hatte deswegen nachts sogar kaum ein Auge zugetan. Die Polizisten klopften und klingelten mehrmals, nachdem sich jedoch nichts rührte, beschlossen sie, die Tür von der Feuerwehr öffnen zu lassen. Sie befürchteten, dass in der Wohnung etwas Ungutes geschehen sei.

Und sie sollten Recht behalten. Nachdem Feuerwehrleute die Tür geöffnet hatten, bot sich den Beamten, die die Wohnung betraten, ein schreckliches Bild: Zwei Personen, wahrscheinlich die Bewohner, saßen auf dem Sofa. Die Hände waren ihnen auf den Rücken gefesselt, die Beine zusammengebunden worden. Beider Köpfe waren in den Nacken gelehnt – und man hatte ihnen die Kehle durchgeschnitten. Wie sich herausstellte, handelte es sich bei den Toten tatsächlich um die beiden Mieter Jan Kleiber und dessen Verlobte Gabi Harbort.

Auf die Wände um und neben den Leichen waren in Rot auf dem Kopf stehende Kreuze gemalt worden, die an satanische Zeichen erinnerten. Wie sich später herausstellte, waren sie mit dem Blut der Opfer gemalt worden. Das war der einzige Hinweis am Tatort, der auf einen bestimmten Täterkreis schließen ließ.

Die Techniker der Spurensicherung führten ihre Arbeit äußerst sorgfältig durch. Unter anderem fanden sie dabei Haare, die nicht zu den beiden Toten gehörten.

Verwandte und Freunde der Toten gaben an, dass die beiden auf dem Weg in die Selbstständigkeit gewesen seien. Sie hatten ein kleines Lokal gekauft, in dem sie ein Café-Restaurant eröffnen wollten; am 14. März hätten sie es übernehmen und renovieren können. Um sich die Anzahlung leisten zu können, hatten sie eisern gespart. Was dann noch fehlte, hatten zum einen die Eltern gesponsert, zum anderen ein Bankkredit bezahlbar gemacht. Jan war Koch gewesen und Gabi hatte Hotelfachfrau gelernt, so dass das kleine Restaurant auch fachlich auf festen Füßen gestanden hätte.

Der leitende Ermittler, Oberkommissar Hans Drebes, befragte die Angehörigen und Freunde der Toten auch zu den umgekehrten Kreuzen, die auf die Wände des Tatorts geschmiert worden waren. Jans Mutter, Erika Kleiber, erklärte daraufhin, dass ihre Tochter Jutta eine Zeit lang einer Gruppe von Leuten angehört habe, die Satanskult betrieb. Jan hatte es schließlich geschafft, sie aus diesen Kreisen herauszuholen. Jutta studierte derzeit in einer anderen Stadt. Drebes fragte, ob es nach Juttas Ausstieg aus der Gruppe Bedrohungen gegeben habe, was Frau Kleiber bestätigen musste. Allerdings waren diese Drohungen nie verbal geäußert worden und auch körperlich angegriffen hatte man Jan nie. Man hatte ihm vielmehr halbverweste tote Katzen oder Hähne zugeschickt, und er hatte auch kurze Drohbriefe erhalten, in denen stand, dass man ihn schon kriegen werde, aber das alles hatte vor etwa einem Jahr aufgehört. Seitdem war alles ruhig geblieben. Auf Drebers Nachfrage hin erklärte Frau Kleiber, dass Jasmin Herold, eine ehemals sehr gute Freundin ihrer Tochter, auch zu der Satanskult-Gruppe gehört hatte. Sie war es gewesen, die Jutta in die Gruppe hineingebracht hatte.

Nachdem Drebes Jasmin Herolds Adresse ausfindig gemacht hatte, stattete er ihr einen Besuch ab. Als er ihr von Jan Kleibers Tod berichtete, von dem sie offenbar noch nichts gehört hatte, reagierte sie entsetzt. Freimütig erzählte sie, dass sie bis vor einem Jahr tatsächlich einer Gruppe von Teufelsanbetern angehört hatte, und dass darüber wohl auch ihre langjährige Freundschaft mit Jutta Kleiber zerbrochen war. Jutta war eher ausgestiegen als sie, erklärte Herold. Nachdem Jan zu Ohren gekommen war, was seine kleine Schwester trieb, hatte er alles darangesetzt, sie aus der Gruppe herauszuholen. Jutta hatte sich zunächst vehement dagegen gewehrt. Einmal war sie sogar von zu Hause weggelaufen und hatte sich am vermeintlich geheimen Treffpunkt der Gruppe versteckt, doch Jan hatte sie trotzdem aufgespürt. Als sie dann nicht mehr gekommen war, hatte man der vermeintlichen Verräterin und ihrem Bruder tatsächlich Drohungen zukommen lassen, aber schließlich war das Interesse erlahmt, nicht zuletzt, weil kaum noch jemand

Lust gehabt hatte, dieses Spiel weiterzuspielen. Viel mehr als ein Spiel war der ganze Satanskult für die meisten aus der Gruppe ohnehin nie gewesen. Die Gruppe hatte sich aus ein paar Jugendlichen gebildet, die es spannend und schaurig fanden, sich nachts auf Friedhöfen zu treffen und Kerzen abzubrennen. Irgendwann hatte jemand eine einschlägige Zeitschrift mitgebracht, in der von satanistischen Praktiken die Rede gewesen war, und man hatte angefangen, den Teufel anzubeten. Alles nur aus Spaß, natürlich. Die Gruppe war nicht wirklich organisiert gewesen, aber es hatte eine Art Anführer gegeben. Jürgen Althoff, der die Sache viel ernster genommen hatte, als die meisten anderen, hatte ihnen verboten, sich Außenstehenden gegenüber in irgendeiner Weise über die Gruppe und deren Mitglieder zu äußern. Alles hatte geheim gehalten werden müssen. Für das vermeintlich geheime Versteck der Gruppe, eine alte, verlassene Scheune in der Umgebung, waren sogar Kennwörter ausgegeben worden, die man jede Woche geändert hatte. Irgendwann hatten Althoff und zwei, drei andere vorgeschlagen, sich echten Teufelsanbetern anzuschließen und mit dem Kinderkram, den sie bis dahin praktiziert hatten, aufzuhören. Jutta hatte die Gruppe auf Betreiben ihres Bruders hin da aber bereits verlassen. Jasmin war über diesen Verrat zunächst sehr erbost gewesen, aber schließlich hatte sie eingesehen, dass das Ganze nur dummes Zeug war, und hatte die Gruppe ebenfalls verlassen. Nur Althoff und ein paar seiner engsten Freunde hatten weitergemacht und sich, so viel Jasmin wusste, einer Gruppe echter Teufelsanbeter angeschlossen.

Bevor er ging, fragte Drebes Jasmin noch nach der Anschrift von Jürgen Althoff, die sie ihm bereitwillig nannte. Auf Jasmin fiel kein Verdacht, zumal sie für die Tatzeit ein hieb- und stichfestes Alibi hatte: Sie war bei ihren Eltern gewesen.

Jürgen Althoff war etwa 25 Jahre alt und hatte schwarz gefärbte Haare. Er arbeitete als Lehrling in einer Tischlerei und dort suchte ihn Drebes auch auf. Auf den Besuch des Beamten reagierte der junge Mann gelassen, und auch, als Drebes ihm vom Jan Kleibers Tod erzählte, bleib er ungerührt. Leute wie die Kleibers interessierten ihn nicht, sagte er. Drebes wollte wissen, was er damit meine, und Althoff ließ sich nicht zweimal bitten. Die ganze Gruppe damals sei ein Kindergarten gewesen, erklärte er. Niemand hatte irgendetwas verstanden. Sie alle hatten nur spielen und ein bisschen Nervenkitzel haben wollen, ernst genommen hatten sie ihr Tun nie. Drebes hielt diese Einschätzung für nicht ganz treffend, und das machte er auch deutlich. Drohbriefe und Pakete mit bedrohlichem Inhalt hielt er für durchaus ernst, und ein Kindergarten verschickte so etwas in der Regel nicht. Althoff zuckte daraufhin nur mit den Schultern. Er gab zu, dass die Drohungen ein Fehler gewesen seien, aber nur deshalb, weil man in der Gruppe nie wirklich verstanden hatte, worum es ging.

Drebes war der junge Mann unangenehm. Ein Alibi für die Tatnacht konnte er auch nicht vorweisen. Er hatte angeblich zu Hause gesessen und Musik gehört. Zeugen dafür gab es jedoch keine. Drebes fragte Althoff daher, ob er freiwillig eine Haar- und DNA-Probe abgeben würde. Zuerst zögerte der junge Mann, doch als Drebes ihm klar machte, dass er die Abgabe der Proben auch per Beschluss erzwingen konnte, gab er nach und versprach, am nächsten Tag bei Drebes auf der Dienststelle zu erscheinen.

Alhoff erschien tatsächlich, doch die Analyse seiner Proben führte zu nichts. Am Tatort war kein Haar gefunden worden, das denen von Althoff auch nur annähernd glich. Damit war bewiesen, dass Althoff den Tatort nie betreten hatte.

Drebes zog daraufhin einen Sektenexperten hinzu und zeigte ihm Bilder vom Tatort. Der Experte hielt eine rituelle Tötung der beiden Opfer erstaunlicherweise für unwahrscheinlich. Zwar würde sich nach Ansicht der Satanisten das Blut eines Feindes besonders gut für Opferrituale eignen, aber das war auch das Einzige, was in diesem Fall auf einen Ritualmord schließen ließe. Die umgedrehten Kreuze an den Wänden waren mittlerweile Allgemeingut, die jeder hätte malen können. Wenn tatsächlich Satanisten die Tat begangen hätten, hätte man mehr Symbolik und rituelle Gegenstände vorfinden müssen, wie Kerzen oder Pentagramme, bei denen zwei Spitzen nach Osten oder eine Spitze auf jeweils ein Opfer zeigt. Zudem wären die Leichen höchstwahrscheinlich zerstückelt worden, mit Sicherheit aber hätte man sie nicht gefesselt gelassen. Und sie wären mit bestimmten Zeichen, etwa einer Spinne, einem Bockskopf oder Ähnlichem, tätowiert worden.

Nach diesem Expertengespräch war Drebes klar, dass er sich ins Boxhorn hatte jagen lassen. Für einen echten Satanistenmord hatte die Spurensicherung in seinem Fall keine Anzeichen gefunden. Allem Anschein nach war also jemandem daran gelegen gewesen, den Mord wie einen satanischen Ritualmord aussehen zu lassen, um die eigentliche Motivation zu verschleiern.

Drebes stand somit wieder ganz am Anfang. Er setzte sich noch einmal mit der Mutter von Jan Kleiber in Verbindung, um zu erfahren, ob vielleicht berufliche oder finanzielle Gründe dem Mord zugrunde liegen könnten. Und diesmal schien er auf der richten Spur zu sein: Frau Kleiber erklärte, dass Gabi und ihr Sohn bei Übergabe der Restauranträume, die am Tag nach ihrer Ermordung hätte stattfinden sollen, 25 000 Euro in bar hatten bezahlen wollen. Drebes ließ die Konten der Ermordeten überprüfen und stellte fest, dass Jan Kleiber und Gabi Harbort an ihrem Todestag einen entsprechenden Betrag von ihrem gemeinsamen Konto abgehoben hatten. In der Wohnung der Ermordeten hatte man jedoch weder Geld noch eine Quittung finden können. Allem Anschein nach hatte also ein Raubmord stattgefunden, den der oder die Täter als Ritualmord getarnt hatten. Naheliegenderweise mussten die Täter aus einem Personenkreis stammen, der von Jan Kleibers Aktivitäten gegen die Teufelsanbeter wusste, ansonsten wäre die Gefahr groß gewesen, dass die falsche Spur von Anfang an ignoriert worden wäre.

Es stellte sich heraus, dass fast jeder in Kleibers Freundeskreis von dessen Aktivitäten gegen die Teufelsanbeter wusste. Drebes konzentrierte seine Ermittlungen daher zunächst auf das Umfeld von Gabi Harbort. Hier wussten schon weniger Personen von Kleibers Aktivitäten. Einer davon war Gabis Ex-Freund Stefan Zimmer. Gabi hatte sich vor etwas mehr als einem Jahr von ihm getrennt. Zimmer hatte sie auf der Hotelfachschule kennen gelernt und nach dem, was Drebes wusste, hatte er sie sogar heiraten wollen. Allerdings war ihr die Sache wohl weniger ernst gewesen, denn als sie mit ihrer Ausbildung fertig war, hatte sie die Beziehung beendet. Kurz darauf hatte sie Jan kennen gelernt. Freunde berichteten, dass es bei beiden Liebe auf den ersten Blick gewesen sein soll. Zimmer schien sich trotz seines Kummers schnell mit der Situation abgefunden zu haben und hatte ein freundschaftliches Verhältnis mit Gabi aufrechterhalten. Eine von Gabis Freundinnen erklärte allerdings, dass sie dem Frieden nicht getraut habe. Stefan sei immer sehr eifersüchtig gewesen und habe in der Vergangenheit auch schon gedroht, dass, wenn Gabi je einen anderen haben sollte, er sie beide umbringen werde.

Drebes Interesse an Zimmer war damit geweckt. Es verstärkte sich sogar noch, als er herausfand, wie Gabi und Jan sich kennen gelernt hatten. Jan Kleiber und Stefan Zimmer waren Schulkameraden gewesen und hatten auch während der Ausbildung lockeren Kontakt gehalten. Nachdem Stefan seinen Abschluss als Hotelfachmann in der Tasche gehabt hatte, hatte er eine Party gegeben, zu der auch Jan eingeladen war. Und genau hier hatten Jan und Gabi sich kennen gelernt.

Zu diesem Zeitpunkt waren Gabi und Stefan schon kein Paar mehr gewesen. Gabi war bereits ein Jahr zuvor mit ihrer Ausbildung fertig geworden, hatte zu dieser Zeit aber immer noch in dem Hotel gearbeitet, in dem sie ihre Ausbildung absolviert hatte; Jan wiederum hatte eine Anstellung in einem kleinen Feinschmeckerlokal. Beide waren mit ihren Anstellungen recht zufrieden gewesen. Stefan hingegen hatte hochtrabendere Pläne gehabt, er hatte sich im Anschluss an seine Ausbildung direkt selbstständig machen wollen. Ein halbes Jahr später hatte er jedoch zugeben müssen, dass er gescheitert war. Anschließend hatte er von kleineren Jobs leben müssen, mit denen er sich beruflich kaum etablieren konnte. Zusätzlich war er in die falschen Kreise geraten, und vor ein paar Monaten hatte er sich dann dabei erwischen lassen, wie er versuchte, Hehlerware zu verkaufen; als potenziellen Käufer hatte er dummerweise einen Zivilfahnder angesprochen. Nur dem Einfluss seines Vaters hatte Stefan es zu verdanken, dass er bis zu seiner Verhandlung auf freiem Fuß bleiben konnte. Seitdem lebte er wieder bei seinen Eltern, was ihm, der Aussage eines Freundes zufolge, gar nicht gefiel. Zumal er unterdessen Jan und Gabi dabei hatte beobachten müssen, wie es ihnen, anders als ihm selbst damals, Schritt für Schritt zu gelingen schien, sich eine eigene Existenz aufzubauen.

Für Jans besten Freund Sven bestand kein Zweifel daran, dass Stefan die Morde an seinem Freund und dessen Verlobter verübt hatte. Nachdem Stefan bei der Hehlerei erwischt worden war, hatte er, wie Sven zu berichten wusste, Jan immer öfter um Geld gebeten, angeblich, um wieder auf die Beine zu kommen. Jan hatte ihn jedoch zurückgewiesen, da er sein Geld für seine eigenen Pläne gebraucht hatte.

Drebes fand, dass er nun genug Informationen gesammelt hatte, und stattete Stefan Zimmer einen Besuch ab. Dieser hatte mittlerweile längst vom Tod seiner Freunde gehört und zeigte sich erschüttert. Als Drebes ihn vorsichtig zu seinem Alibi am Tatabend befragte, antwortete er bereitwillig. Er gab an, mit einem Freund Bier trinken gegangen zu sein. Da er mittlerweile bei seinem Vater im Hotel arbeiten müsse, was ihm gehörig auf die Nerven gehe, brauche er das schon einmal, erklärte Zimmer. Mit keinem Wort erwähnte er seinen drohenden Prozess und dass sein Vater ihn mit der Arbeit im eigenen Betrieb vor einer Untersuchungsstrafe bewahrt hatte. Drebes fragte ihn, wann er Jan und Gabi zuletzt gesehen habe, woraufhin Zimmer entgegnete, dass dies etwa drei Wochen her sein müsse. Bei seinem damaligen Besuch hatten sich die beiden noch sehr auf das kleine Café-Restaurant gefreut, das sie bald hatten eröffnen wollen. Zimmer schien Drebes gegenüber arglos zu sein, doch der Polizist konnte den Verdacht, den er ihm gegenüber hegte, nicht abschütteln. Daher bat er Zimmer um eine Haar- und DNA-Probe, zu der dieser sich auch bereiterklärte.

Nach der Untersuchung war klar, dass Drebes Verdacht berechtigt gewesen war: Zimmer war in der Wohnung von Jan und Gabi gewesen – seine Haare fanden sich in fast allen Räumen. Allerdings war sein letzter Besuch keine drei Wochen her gewesen. Zimmer musste auch während des Mords anwesend gewesen sein, denn eines seiner Haare fand sich auf der Kleidung der toten Gabi Harbort. Die DNA-Analyse der Haarwurzel brachte den letzten Beweis.

Als Drebes diese Informationen vorlagen, nahm er Zimmer unverzüglich fest. Zunächst leugnete er die Tat, als Drebes ihn jedoch mit den schlagenden Beweisen konfrontierte, brach er zusammen. Er erzählte dem Beamten von seiner Beziehung zu Gabi, die er, wie er erklärte, bis zum Wahnsinn geliebt habe. Sie hatte ihm allerdings nicht die gleichen Gefühle entgegengebracht. Nach ihrer Ausbildung hatte sie ihm erklärt, dass er nicht in ihr Lebenskonzept passe, und die Beziehung beendet. Er selbst war daraufhin am Boden zerstört gewesen. Trotz allem hatte er weiterhin Kontakt zu ihr gehalten, vielleicht auch aus der Hoffnung heraus, dass sie irgendwann einmal seine wahren Qualitäten erkennen und zu ihm zurückkehren würde, Zimmer wusste es selbst nicht so genau. Dann hatte er die Party gegeben, auf der Gabi seinen Freund Jan kennen gelernt hatte. In den folgenden Wochen hatte er mit ansehen müssen, wie sich zwischen den beiden eine Beziehung entwickelte. Er hatte geglaubt, dass er Gabi zurückgewinnen würde, wenn er sich selbstständige machte, und bewiese, was in ihm stecke, doch er war schon nach kurzer Zeit gescheitert. Ein Jobangebot seines Vaters hatte er anschließend abgelehnt, wenn er es angenommen hätte, hätte er sich seiner Meinung nach zum Versager degradiert. Woanders hatte er jedoch keinen Fuß fassen können, und dann war er an die falschen Leute geraten, die ihn in die Hehlereigeschäfte verwickelt hatten. Sein Vater hatte daraufhin fast die Geduld mit ihm verloren. Er hatte ihm jedoch noch einmal eine Stelle in seinem Hotel angeboten, die Stefan wiederum nur angenommen hatte, um nicht ins Gefängnis zu kommen. Statt selbst Hotelier zu sein, war er anschließend nichts weiter gewesen als ein popeliger Zimmerkellner im familieneigenen Hotel. Er hatte gehört, dass Gabi und Jan sich selbstständig machen wollten und die beiden gefragt, ob er bei ihnen mit einsteigen könne. Das Paar hatte davon allerdings nichts wissen wollen. Irgendwann hatte er dann erfahren, dass ihre Pläne sich konkretisierten und sie bereits ein geeignetes Ladenlokal gefunden hatten. Er hatte auch gehört, wann die Übernahme stattfinden sollte, dass die Anzahlung von 25 000 Euro an diesem Tag in bar bezahlt werden sollte und dass Jan das Geld einen Tag zuvor von der Bank abholen würde.

Warum er das Paar am selben Tag besucht hatte, wollte er während der ersten Befragung nicht mehr wissen; im Verlauf eines späteren Verhörs gab er wiederum an, dass er Jan und Gabi noch eine letzte Chance hatte geben wollen, ihn als Teilhaber aufzunehmen. Insgeheim vermuten die Beamten jedoch, dass er von Anfang an ein Verbrechen geplant hatte, wenn nicht den Mord, dann zumindest den Raub der Anzahlungssumme.

Auf seinem Weg zu Jan und Gabi hatte Zimmer jedenfalls einen seiner neuen Freunde mitgenommen. Diesem hatte er von seiner Beziehung zu Jan und Gabi erzählt, woraufhin der Freund ihm angeblich eingeredet hatte, dass er, Zimmer, das Geld der beiden stehlen sollte. Als sie bei der Wohnung angekommen waren, hatte Jan sie zunächst nicht hereinlassen wollen, nach einigen Hin und Her hatte er jedoch nachgegeben.

Über das, was danach geschehen war, machte Zimmer widersprüchliche Angaben. In einer ersten Aussage behauptete er, dass man sich zusammen ins Wohnzimmer gesetzt habe, um ein Glas Wein miteinander zu trinken. Als Drebes in darauf hinwies, dass es dafür keinerlei Beweise gebe, da man weder benutzte Gläser noch angebrochene Flaschen gefunden hatte, änderte er seine Aussage. Jan habe ihn und seinen Freund zwar hereingelassen, erklärte er, sei jedoch von Anfang an sehr feindselig und aggressiv gewesen. Schließlich habe er ihn sogar am Arm gepackt und ihn rausschmeißen wollen. Daraufhin sei es zu einem Handgemenge gekommen, in dessen Verlauf Jan unglücklich gestürzt sei.

Als Drebes ihm auch diese Aussage zweifelsfrei zu widerlegen wusste, erfand Zimmer eine neue Geschichte. Sein Freund sei plötzlich wütend geworden und habe auf Jan eingeschlagen. Dann sei Gabi dazwischen gegangen und plötzlich seien beide tot gewesen. Da auch diese Aussage in keiner Weise mit den Ermittlungsergebnissen in Einklang gebracht werden konnte, brach Drebes die Vernehmung ab.

Zimmer hatte ihm zumindest einen zweiten Namen genannt: Frank Reiche. Dieser wurde aufgrund der Aussage Zimmers festgenommen, und dessen Darstellung klang weitaus glaubwürdiger als die seines Komplizen. Reiche war ein kleiner Gauner, der sich mit Taschendiebstählen und dem Verkauf von Hehlerware über Wasser hielt. Mitunter beging er auch selbst schon mal einen Einbruch. Außerdem war er auch bereits wegen Körperverletzung vorbestraft, aber ein eiskalter Mörder war er nicht. Vor allem hatte ihm die Verhaftung Angst gemacht, so dass Drebes leichtes Spiel mit ihm hatte. Er versprach Reiche, vor Gericht strafmilderne Umstände für ihn geltend zu machen, wenn er ohne Umschweife die Wahrheit erzähle. Also brach Reiche sein Schweigen.

Er gab an, Zimmer etwa ein halbes Jahr zuvor kennen gelernt zu haben. Zimmer war gerade mit seinen Unternehmerplänen gescheitert und nun auf das schnelle Geld aus gewesen. Doch gleich seinen ersten Coup, die Geschichte mit der Hehlerware, hatte er vermasselt. Zimmer und Reiche hatten zusammen gearbeitet, doch während Reiche gerade noch rechtzeitig hatte flüchten können, war Zimmer geschnappt worden. Seinen Komplizen hatte er allerdings nicht verraten und so war Reiche noch einmal davon gekommen. Danach hatte er eine Zeitlang nichts mehr von Zimmer gehört, bis er vor ein paar Tagen vor seiner Tür gestanden hatte. Er hatte Reiche erzählt, dass jemand ihm Unrecht getan habe und er sich nun das holen wolle, was ihm zustehe. Allerdings benötige er dazu Hilfe. Er wolle ein paar Leute erschrecken, bei denen auch etwas zu holen sei. Die Beute würde er mit ihm teilen. Zwar war Reiche einerseits pleite gewesen und hätte das Geld dringend brauchen können, andererseits hatte er Zimmer nicht ausstehen können und war daher schon drauf und dran gewesen, ihm eine Absage zu erteilen. Da jedoch hatte Zimmer darauf hingewiesen, dass Reiche ihm noch etwas schuldig sei, weil er ihn im Zusammenhang mit dem fehlgeschlagenen Hehlercoup nicht verraten habe. Reiche hatte das eingesehen und Zimmer die erbetene Hilfe gewährt. Dieser hatte ihm daraufhin seinen Plan unterbreitet. Sie würden ein Pärchen aufsuchen, das eine Menge Geld im Hause habe. Während Zimmer sich die Frau schnappe, solle Reiche sich um den Mann kümmern. Dann würde man beide fesseln und aus ihnen herausquetschen, wo sie das Geld versteckt hätten. Genauso war es dann auch abgelaufen. Als sie an der Wohnungstür geklingelt hatten, hatte ein Mann geöffnet, der ungefähr in ihrem Alter gewesen war. Zimmer hatte ihn sofort in die Wohnung gedrängt, und Reiche hatte ihn in den Schwitzkasten genommen. Zimmer hatte sich unterdessen eine junge Frau gepackt, die aus einem der Zimmer gekommen war. Er hatte sie ins Gesicht geschlagen und ins Wohnzimmer geschleift. Reiche war ihm mit dem Mann im Schwitzkasten gefolgt. Als die Frau, mit der Zimmer zugange gewesen war, sich weiterhin wehrte, hatte Zimmer so hart zugeschlagen, dass die Frau zu Boden gegangen war. Dann hatte er sie gefesselt und sich auf sie gesetzt. Mit dem Mann hatten sie dasselbe gemacht. Zimmer hatte die Musik angestellt, wahrscheinlich um mögliche Hilfeschreie zu übertönen, und dann von den Gefesselten verlangt, ihm das versteckte Geld auszuhändigen. Als die beiden sich geweigert hatten, hatte Zimmer der Frau ein Messer an die Kehle gehalten und gedroht, sie zu töten. Daraufhin hatte der Mann ihm gesagt, dass sich das Geld in einer Kassette im Wohnzimmerschrank befinde. Zimmer hatte es gefunden und in eine mitgebrachte Tüte gestopft. Dann war er auf das Pärchen zugegangen und hatte sinngemäß so etwas gesagt wie: »Ihr habt es ja nicht anders gewollt. Ihr hättet mich nur mit ins Boot nehmen müssen.« Dann hatte er der Frau die Kehle durchgeschnitten. Und noch bevor Reiche ihn davon hatte abhalten können, hatte er dasselbe mit dem Mann getan. Reiche hatte so schnell wie möglich verschwinden wollen, aber Zimmer hatte ihn zurückgehalten. Er hatte erst gehen wollen, als klar war, dass die beiden definitiv tot waren. Und selbst da hatte er plötzlich noch einmal inne gehalten. Er hatte angefangen zu lachen und gesagt, er habe eine geniale Idee. Dann hatte er einen Finger in das Blut der beiden Opfer getaucht und ein umgedrehtes Kreuz an die Wand gemalt. Er hatte Reiche erzählt, dass dies der perfekte Mord sei. Niemand werde je darauf kommen, dass er ihn begangen habe. Danach hatten Zimmer und er die Wohnung eilig verlassen. In sicherer Entfernung vom Tatort hatte Reiche sich von Zimmer getrennt. Von dem Geld hatte er allerdings nichts haben wollen. Er hatte sich, wie er sagte, nicht dafür bezahlen lassen wollen, einem Irren bei einem Doppelmord geholfen zu haben.

Das Gericht verurteilte Zimmer auf der Grundlage dieser Aussage zu einer lebenslangen Freiheitsstrafe ohne die Möglichkeit auf vorzeitige Entlassung. Der Richter erklärte in seiner Urteilsbegründung, dass Menschen, die sich nicht halb so zivilisiert aufführen könnten wie Tiere, nichts auf der Straße zu suchen hätten. Reiche erhielt, wie Derbes es ihm versprochen hatte, eine weitaus geringere Strafe. Das Gericht verurteilte ihn zu einer Freiheitsstrafe von drei Jahren und sechs Monaten. Ein Teil der Strafe wurde mittlerweile zur Bewährung ausgesetzt, so dass Reiche mittlerweile wieder auf freiem Fuß ist. Zimmers Vater hat sich von seinem Sohn losgesagt. Er will nichts mehr mit ihm zu tun haben.

15. Kapitel

Trügerisches Idyll

Am Abend des 29. November wartete Joachim Zinser vergeblich auf seine Freundin. Er und Melanie hatten sich zum Ausgehen verabredet. Er war daher früher von der Arbeit nach Hause gekommen, um sich schon einmal umzuziehen. Melanie war zur üblichen Zeit jedoch nicht zu Hause gewesen. Das war ungewöhnlich für sie, denn sie war ansonsten sehr zuverlässig. Die Boutique, in der sie arbeitete, schloss jeden Abend pünktlich um 18.30 Uhr, so dass sie spätestens um 19 Uhr hätte zu Hause sein müssen. Wenn ihr etwas dazwischen gekommen wäre, hätte sie sicher angerufen, davon war Joachim überzeugt, auch wenn er erst seit kurzer Zeit mit Melanie zusammenlebte.

Als Melanie um 21 Uhr immer noch nicht zu Hause war, begann Joachim, sich ernsthafte Sorgen zu machen. Da es für den geplanten Kinobesuch mittlerweile zu spät war, zog er sich erneut um und fuhr zu dem Laden, in dem Melanie arbeitete. Er hatte während der letzten beiden Stunden mehrfach versucht, sie auf ihrem Handy anzurufen, hatte sie aber nie erreichen können. Als er an dem kleinen Bekleidungsgeschäft ankam, war erwartungsgemäß alles dunkel. Nichts deutete daraufhin, dass hier noch jemand arbeitete. Auch im Büro war kein Licht. Joachim klopfte trotzdem noch noch ein paar Mal gegen die Tür, wie erwartet allerdings erfolglos. Er fuhr wieder nach Hause und rief sämtliche Freunde und Bekannte an, aber niemand hatte etwas von Melanie gehört. Auch ihre Eltern wussten nichts über den Aufenthaltsort der Tochter. Joachim war mittlerweile so in Sorge, dass er die Polizei anrief. Eine Vermisstenanzeige, so erfuhr er dort, konnte er jedoch, weil Melanie bereits volljährig war, frühestens am nächsten Tag, 24 Stunden nach ihrem Verschwinden, aufgeben. Da ihn das alles andere als beruhigte, fuhr er noch einmal los. Gewöhnlich ging Melanie von dem kleinen Ort, in dem sie arbeitete, zu Fuß nach Hause, sie nahm dann einen Weg, der an einem kleinen Fluss entlangführte. Nur wenn es regnete, kam sie mit dem Bus. Joachim ging den gesamten Weg ab, seine Freundin fand er jedoch nicht. Er konnte nicht wissen, dass er auf seiner Suche nahe an ihrer Leiche vorbeigegangen war. Melanie lag in einem dichten Gebüsch, das die Wassergrenze vom Fußweg trennte. Zwei Tage später, am 1. Dezember, wurde sie dort auch gefunden.

Als Hauptkommissar Konrad Kayser am Tatort erschien, waren die Spurensicherung und zahlreiche Kollegen bereits vor Ort. Spaziergänger hatten die Leiche gefunden. Dass es sich bei der Toten um die 22-jährige Melanie Schuster handelte, die seit kurzer Zeit mit ihrem Freund, Joachim Zinser, im Nachbardorf lebte, stand bereits fest. Auch wusste man, dass Zinser bereits vor zwei Tagen versucht hatte, eine Vermisstenanzeige zu erstatten, aufgrund der allgemeinen Vorschriften jedoch abgewiesen worden war. Zinser wusste vom Tod seiner Freundin zurzeit allerdings noch nichts, wie Kayser von seinen Kollegen erfuhr.

Dass Melanie Schuster ermordet worden war, schien offensichtlich. Kayser sah sich die Tote genauer an. Ihr modischer knöchellanger Wollrock war hochgeschoben worden. Strümpfe und Höschen hatte man ihr ausgezogen, sie waren verschwunden, zumindest konnte Kayser sie nirgends entdecken.

Aus den auf den ersten Blick sichtbaren Verletzungen schloss Kayser, dass die junge Frau vergewaltigt worden war. Woran sie gestorben war, konnte er allerdings nicht sagen. Sie schien äußerlich unversehrt, bis auf einige Verletzungen im Gesicht. Dort sah man bläulich verfärbte Schwellungen, und um den Mund herum waren Hauteintrocknungen sichtbar. Wahrscheinlich hatte der Täter Melanie Schuster den Mund zugehalten, um sie am Schreien zu hindern.

Kayser oblag die schwere Aufgabe, Joachim Zinser die schreckliche Nachricht zu überbringen. Der junge Mann, bleich und auf das Schlimmste gefasst, brach weinend zusammen, als er vom Tod seiner Freundin hörte. Er stand dermaßen unter Schock, dass Kayer sich entschloss, ihn erst am nächsten Tag genauer zu befragen.

Inzwischen wohnte er der Obduktion der Leiche bei, die Dr. Anneliese Schoenfelder vornahm. Diese begann, wie üblich, mit der äußerlichen Leichenschau. Dr. Schoenfelder ging davon aus, dass die bläulich verfärbten Schwellungen an der Wange und der Stirn von Schlägen stammten, die dem Opfer zugefügt worden waren. Wahrscheinlich hatte der Täter sie mit der Faust ausgeführt. Im Gesicht fanden sich ferner Petechien, kleine Haut- und Schleimhautblutungen, die, wie es hier der Fall war, meist im Weiß des Auges, an den Lippen und den Augenlidern auftreten. Bei Melanie fanden sie sich darüber hinaus sogar hinter den Ohren. Die Fingernägel des Opfers waren an beiden Händen ein- oder sogar ganz abgerissen. Unter einigen entdeckte Dr. Schoenfelder Hautpartikel, die sofort gesichert wurden; höchstwahrscheinlich stammten sie vom Täter. Die Innenseite der Oberschenkel wiesen, wie Kommissar Kayser es bereits vermutet hatte, Verletzungen auf, wie sie für Vergewaltigungen üblich sind. Daher machte Dr. Schoenfelder einen Scheidenabstrich.

Nachdem Dr. Schoenfelder die äußerliche Leichenschau abgeschlossen hatte, machte sie sich daran, die Leiche zu öffnen. Zunächst betrachtete sie aber noch die Mundhöhle. Und was sie dort erblickte, erstaunte selbst sie. Es waren der verschollene Schlüpfer und die fest zusammengerollte Strumpfhose, die der Toten tief in den Rachen gestopft worden waren. Damit war klar, woran Melanie Schuster gestorben war. Zwar hatten bereits die Petechien einen Hinweis auf Erstickungstod gegeben, doch diese Blutungen tauchen auch auf, wenn der Tod durch Erwürgen eintritt. In diesem Fall hatte es allerdings keine Würgemale gegeben.

Das Ergebnis des Scheidenabstrichs war eindeutig: Die Tote war vergewaltigt worden. Von den beiden Fremdproben, die man der Leiche entnommen hatte, also den Hautpartikeln, die unter den Fingernägeln gefunden worden waren, und dem Sperma, das man in der Scheide gefunden hatte, wurde sicherheitshalber eine DNA-Analyse durchgeführt. Das Ergebnis der Analyse lag rasch vor und Bestätigte die Vermutung, dass beide Proben von ein und demselben Mann stammten.

Inzwischen hatte Dr. Schoenfelder auch den Todeszeitpunkt von Melanie Schuster bestimmt. Sie ging davon aus, dass sie noch am Abend des 29. November gestorben war, und zwar zwischen 18.30 Uhr und 20 Uhr.

Am nächsten Tag suchte Hauptkommissar Kayser wie geplant noch einmal Joachim Zinser auf. Diesem stand mittlerweile ein Freund namens Bernd Militzke tröstend zur Seite.

Kayser fragte Zinser, wie lange er mit Melanie zusammengewohnt habe und ob es in dieser Zeit irgendwelche Probleme in ihrer Beziehung gegeben habe. Er habe drei Monate mit seiner Freundin zusammengewohnt, erklärte Zinser daraufhin, und in ihrer Beziehung, die seit fast einem Jahr bestanden habe, habe es bis dahin nicht einen Streit gegeben. Melanie habe seines Wissens nach zudem weder Feinde gehabt, noch hatte sie sich in letzter Zeit bedroht gefühlt. Hier im Dorf sowie im Nachbarort kannten sie jeden, und es erschien ihm unwahrscheinlich, dass irgendeiner dieser Menschen Melanie umgebracht hatte.

Für Kayser waren damit vorerst alle Fragen beantwortet. Eine unangenehme Aufgabe hatte er jedoch noch zu erfüllen, er musste Zinser um die freiwillige Abgabe einer DNA-Probe bitten. Um Zinser nicht unnötig gegen sich aufzubringen, erklärte er, dies sei nur notwendig, um bei eventuellen Spuren, die sich von ihm an der Leiche fänden, ausschließen zu können, dass sie vom Täter stammten. Zinser willigte daraufhin ein und versprach, zu diesem Zweck am nächsten Tag bei Kayser vorbeizukommen.

Auf dem Weg zur Haustür wurde Kayser von Zinsers Freund Militzke begleitet. Dieser erklärte ihm, dass Joachim und Melanie für alle, die sie kannten, ein Traumpaar gewesen seien. Eine Hochzeit in naher Zukunft sei für jeden absehbar gewesen. Auch er selbst könne noch gar nicht fassen, was da passiert sei. Als Militzke Kayser die Tür öffnete, sah der Beamte, dass eine Hand des Mannes dick verbunden war. Er fragte, was ihm da passiert sei, woraufhin Militzke erklärte, dass er sich bei der Reparatur seines Fahrzeuges an einer scharfen Motorkante geschnitten habe und er hoffe, dass sich der Schnitt nicht entzünde. Da sie gerade schon einmal im Gespräch waren, fragte Kayser auch Militzke noch, wo er sich am Tatabend ab 18.30 Uhr aufgehalten habe. Militzke musste darüber kurz nachdenken, konnte dann aber sagen, dass er sich mit Freunden bei sich zu Hause ein Fußballspiel angesehen hatte.

Kaysers weitere Ermittlungen konzentrierten sich auf die letzten Lebensstunden der Ermordeten. Zunächst befragte er Melanies Chefin, Hildegard Mertens, die Besitzerin der Boutique, in der Melanie gearbeitet hatte. Die schon etwas ältere Dame war völlig aufgelöst. Sie war unverheiratet, hatte keine Kinder und war Melanie immer sehr zugetan gewesen. Für sie war die Tote wie eine eigene Tochter gewesen. Frau Mertens beschrieb Melanie als fleißig und zuverlässig, ihrer Meinung nach hatte sie genau jene Eigenschaften besessen, die eine gute Geschäftsfrau benötigte. Daher hatte sie ihr in nächster Zukunft sogar eine Teilhaberschaft anbieten wollen. An dieser Stelle musste Frau Mertens sich sichtlich zusammenreißen, um ihren Gefühlen nicht freien Lauf zu lassen, sie konnte sich jedoch rasch wieder fangen. Sie gab an, dass Melanie für gewöhnlich gegen 18.30 Uhr Feierabend gemacht hätte, also dann, wenn sie selbst den Laden geschlossen hatte. Am Tatabend hatte sie ihr jedoch eine halbe Stunde früher freigegeben, weil sie mit ihrem Freund – den Frau Mertens übrigens auch kannte und der Melanie sehr glücklich gemacht hatte – ins Kino hatte gehen wollen, um einen Film anzusehen, der an diesem Abend recht früh gezeigt worden war. Melanie war an ihrem Todestag also bereits gegen 18 Uhr von der Arbeit aufgebrochen. Als sie den Laden verlassen hatte, hatte Frau Mertens sie zum letzten Mal gesehen. Kayser wollte wissen, ob Frau Mertens möglicherweise mitbekommen habe, dass Melanie auf ihrem Nachhauseweg verfolgt worden sei. Dies musste die Boutiquebesitzerin jedoch verneinen. Sie habe natürlich nicht extra darauf geachtet, aber sie hätte sicher bemerkt, wenn ihrer Angestellten jemand gefolgt wäre. Hier im Ort kannte schließlich jeder jeden, ein Fremder wäre ihr da unter Garantie aufgefallen. Auch sie ging also davon aus, dass der Täter niemand sein könne, den sie kannte.

Kayser steckte mit seinen Ermittlungen nun in einer Sackgasse. Zwar hatte er genügend Spuren, aber keine Hinweise auf den Täter. Die Menschen hier in der Umgebung schienen einander tatsächlich so sehr zu vertrauen, wie alle behaupteten, viele von ihnen schlossen nicht einmal ihre Häuser ab, so dass jeder, der wollte, bei ihnen ein- und ausgehen konnte. Möglicherweise war der Täter daher wirklich ein Fremder und Melanie einfach zur falschen Zeit am falschen Ort gewesen.

Um weiterzukommen, ließ Kayser Flugblätter drucken, auf denen er nach Zeugen suchte. Diese wurden in allen Dörfern rund um den Tatort verteilt und an Plakatwänden angebracht. Dennoch ergaben sich keine neuen Hinweise. Der Tatabend war kalt und ungemütlich und zur Tatzeit war es bereits seit Stunden dunkel gewesen, so dass kaum ein Mensch auf der Straße gewesen war. Auf Kaysers Suche hin meldete sich daher niemand.

Nach einigen Wochen endlosen Wartens besprach sich Kayser mit dem Staatsanwalt. Da im Fall Melanie Schuster immer noch keine brauchbaren Indizien vorlagen, beschloss man, alle männlichen Bewohner der dem Tatort nahe liegenden Dörfer ab 18 Jahren zu einer freiwilligen DNA-Probe aufzurufen.

Über das Einwohnermeldeamt wurden die betreffenden Personen ausfindig gemacht. Sie wurden jeweils persönlich von Beamten aufgesucht und gebeten, sich einem Test zu unterziehen. Dabei betonte man ausdrücklich, dass es sich um einen freiwilligern Test handele, zu dem niemand gezwungen werden könne. Die Aktion war zeitlich auf den Zeitraum zwischen dem 2. und dem 16. Januar begrenzt. In den einzelnen Dörfern wurden in diesem Zeitraum Untersuchungsstellen eingerichtet, in denen Beamte den Freiwilligen Proben entnahmen, indem sie mit einem Holzstäbchen Abstriche von der Mundschleimhaut machten. Für den einzelnen bedeutete das einen Aufwand von nur wenigen Minuten und der Ansturm war enorm.

Drei Wochen nach Ende der Aktion war man dennoch keinen Schritt weitergekommen. Es hatte keine Übereinstimmung gegeben. Allerdings waren auch nicht alle Männer zum Test erschienen. Zwei derjenigen, die nicht erschienen waren, wohnten in einem Altersheim und waren dement, sie schieden für die Beamten als Täter von vornherein aus. Einer lag im Krankenhaus, wo er sich auch schon zur Tatzeit befunden hatte, und zwei potenzielle Testpersonen hatten sich während der Aktion im Urlaub befunden. Nur einer war dem Test ohne Begründung ferngeblieben, und zwar Joachim Zinsens Freund Bernd Militzke.

Kayser erschien der Mann daraufhin natürlich sofort verdächtig. Doch was sollte er tun? Er hatte keine Handhabe gegen ihn. Der Test konnte auch bei ihm nur auf freiwilliger

Basis durchgeführt werden, denn es gab keinen zwingenden Tatverdacht, der ermöglicht hätte, ihn in seinem Fall anordnen zu lassen. Während er über sein Problem nachdachte, fiel Kayser plötzlich ein, dass er unwissentlich einen Fehler begangen hatte. Er war bei der Befragung von Militzke davon ausgegangen, dass Melanie Schuster ihren Arbeitsplatz am Tatabend gegen 18.30 Uhr verlassen hatte. Später hatte er jedoch erfahren, dass sie tatsächlich schon um 18 Uhr nach Hause gegangen war. Ob Militzkes Alibi auch für die Zeit vor 18.30 Uhr galt, war noch zu überprüfen. Kayser beschloss, den Mann gleich selbst darauf anzusprechen.

Militzke ärgerte sich über das Erscheinen des Beamten und über dessen Frage maßlos. Er habe immerhin ein Alibi vorweisen können, erklärte er. Den Test, zu dem die Polizei aufgerufen hatte, bei ihm durchzuführen sei also reine Zeitverschwendung, und er sehe daher nicht ein, diesen mitzumachen. Kayser erklärte daraufhin, dass sich der Tatzeitrahmen im Laufe der Ermittlungen geändert habe, doch darauf wollte Militzke nicht eingehen. Er weigerte sich weiterhin, den Test zu machen, und fragte, ob der Polizist wirklich ernsthaft der Meinung sei, dass er die Freundin seines besten Freundes ermordet habe? Zu dieser Frage äußerte sich Kayser jedoch nicht.

Der Beamte befragte vielmehr noch einmal die Freunde, mit denen Militzke am Tatabend zusammen gewesen war, diesmal jedoch etwas genauer. Er hatte sie bereits einmal befragt, dabei aber nicht den erweiterten Tatzeitraum bedacht. Die Männer gaben nach wie vor an, zusammen mit Militzke bei diesem zu Hause ein Fußballspiel gesehen zu haben. Er war kurz nach halb sieben bei seiner Wohnung angekommen. Man war zwar für punkt 18.30 Uhr verabredet gewesen, so dass die meisten von ihnen einen kleinen Moment vor der Tür hatten warten müssen, das wäre jedoch nicht so schlimm gewesen, denn man habe den Anpfiff ja noch mitbekommen. Kayser wollte wissen, ob einer der Männer an dem Abend etwas Besonderes an Militzke aufgefallen sei. Daraufhin erinnerte sich jemand, dass er eine Verletzung an der Hand gehabt habe. Welcher Art diese gewesen sei, konnte der Mann nicht genau sagen, auf den ersten Blick hatte es jedoch so ausgesehen, als sei Militzke von einer Katze gekratzt worden. Es war auf jeden Fall nichts Ernstes gewesen. Militzke hatte sich die Hand gleich verbunden und dann hatten sie das Fußballspiel gesehen. Erst gegen 23.30 Uhr hatten sich die Männer dann getrennt.

Kayser war sich jetzt ziemlich sicher, in Militzke den Täter gefunden zu haben, allerdings ließ sich das nur schwer beweisen. Militzke benahm sich zwar sehr verdächtig, aber kein Richter der Welt würde allein aus diesem Grund eine DNA-Analyse anordnen.

Kayser ging davon aus, dass der Mord nicht geplant gewesen war, sondern der Täter ihn im Affekt ausgeführt hatte beziehungsweise um die Vergewaltigung zu vertuschen. Wahrscheinlich war er Melanie Schuster zufällig begegnet. Er beschloss, noch einmal mit Melanies ehemaliger Chefin, Hildegard Mertens zu sprechen. Sie hatte zwar angegeben, am Tatabend niemanden gesehen zu haben, der Melanie verfolgt hatte, aber vielleicht hatte sie ja beobachtet, wie sie einen Bekannten getroffen hatte. Frau Mertens, die ohnehin immer recht fahrig war, reagierte auf Kaysers wiederholten Besuch recht aufgeregt. Doch Kayser beruhigte sie. Er habe nur noch eine Frage an sie, die sie ihm sicherlich beantworten könne, erklärte er. Er bat sie allerdings, sich die Antwort sehr genau zu überlegen, es gehe nicht darum, jemanden anzuschwärzen, sondern nur darum, herauszufinden, wer das Opfer zuletzt gesehen hatte. Damit hatte Kayser wieder einmal nicht ganz die Wahrheit gesagt, doch mit seiner kleinen Notlüge hatte er Erfolg. Nach reiflicher Überlegung erklärte Frau Mertens, dass sie sich erinnere, gesehen zu haben, wie Melanie, kurz nachdem sie den Laden verlassen hatte, mit Bernd Militzke, dem besten Freund ihres Partners Joachim, zusammengetroffen sei, aber dies sei wirklich nur eine Zufallsbegegnung gewesen, das habe man den beiden ansehen können. Militzke habe Melanie dann noch ein Stück begleitet. Wie weit, das konnte Frau Mertens nicht sagen, aber wahrscheinlich nur bis zum Ende der Straße, denn da wohnte Militzke ja und Melanie musste dort abbiegen, wenn sie nach Hause wollte.

Endlich hatte Kayser etwas gegen seinen Verdächtigen in der Hand. Militzke hatte ihm nicht erzählt, dass er Melanie kurz vor ihrem Tod noch einmal gesehen hatte, aber warum hätte er das verschweigen sollen, wenn er ein reines Gewissen hatte? Kayser würde geschickt vorgehen müssen, wenn er den Mann noch einmal verhören wollte. Er hielt es für das Beste, dabei einen Kollegen mitzunehmen. Darüber hinaus steckte er die Tatortfotos ein sowie die Bilder, die bei der Obduktion gemacht worden waren. Sie waren an Scheußlichkeit kaum zu überbieten und darauf baute Kayser.

Über Kaysers zweiten Besuch war Militzke offenbar noch weitaus verärgerter als über seinen ersten. Er wollte dem Beamten die Tür gerade wieder vor der Nase zumachen, als dieser ihm erklärte, dass es eine Zeugin gebe, die ihn kurz vor der Tat zusammen mit dem Opfer gesehen habe. Militzke wurde daraufhin blass, fing sich jedoch schnell wieder. Er gab an, dass das Unfug sei, denn wenn es so gewesen wäre, hätte er es schließlich erzählt.

Kayser nutzte die Gelegenheit und schob sich in die Wohnung. Militzke blieb nichts anderes übrig, als ihn hineinzulassen. Noch im Flur stehend, packte der Polizist die mitgebrachten Bilder aus und zeigte sie Militzke. Dieser war ob des grausigen Anblicks derart entsetzt, dass er zusammenbrach: In der Gegenwart von Kaysers Kollegen, der als Zeuge fungierte, gab er an, nicht an dem DNA-Test teilgenommen zu haben, weil er sonst als Täter identifiziert worden wäre.

Kayser ließ Militzke daraufhin festnehmen und brachte ihn zu seiner Dienststelle. Dort erzählte Militzke die Geschichte von Anfang an. Als er Melanie ein Jahr zuvor kennen gelernt hatte, hatte er sich sofort in sie verliebt, und er war überzeugt gewesen, dass sie zu ihm viel besser gepasst hätte als zu Joachim. Da sie aber dessen Freundin gewesen war, war sie für ihn praktisch tabu gewesen. Dennoch hatte er oft von ihr geträumt, und im realen Leben hatte er versucht, sie zu beeindrucken, das war ihm jedoch nie gelungen. Als er ihr am Tatabend auf der Straße begegnet war und sie ihm erzählt hatte, dass sie sich auf dem Weg nach Hause befinde, hatte er ihr angeboten, sie ein Stück des Wegs zu begleiten. Melanie hatte den Vorschlag bereitwillig angenommen. Auf dem Weg am Fluss entlang, der nur unzureichend beleuchtet ist, hatte er ihr zusätzlich angeboten, sich bei ihm unterzuhaken, und auch darauf war sie gerne eingegangen. Diese Berührung, erklärte Militzke, habe ihn sexuell erregt. Er habe Melanie haben wollen, und zwar sofort. Er hatte versucht, sie zu küssen, aber sie hatte ihn von sich fort geschoben. Dennoch hatte sie noch gelacht, als sie sagte, dass dies nun wohl zu weit gehe, da sie immerhin Joachims Freundin und mit ihm auch sehr glücklich sei. Militzke gestand ihr daraufhin, dass er Joachim für einen Waschlappen hielte und dass er, Bernd, ihr viel mehr zu bieten habe. Dabei hatte er wieder versucht, sie zu küssen. Nun war Melanie jedoch ärgerlich geworden und sie hatte ihn geohrfeigt. Sie werde das Joachim erzählen und dann werde er schon sehen, was er davon habe, hatte sie geschimpft. Da seien ihm die Sicherungen durchgebrannt, erklärte Militzke. Er habe Melanie mehrmals mit der Faust ins Gesicht geschlagen, so dass sie zu Boden gegangen war. Dann hatte er sich auf sie gestürzt und versucht, ihr den Schlüpfer hinunterzuziehen. Aber sie hatte sich gewehrt und versuchte, ihn von sich zu stoßen. Dabei hatte sie nach ihm geschlagen und seine Hand zerkratzt. Er hatte ihr Mund und Nase zugehalten, bis sie ohnmächtig geworden war, dann hatte er ihr Strumpfhose und Schlüpfer ausgezogen und sie vergewaltigt. In dem Moment, in dem er ejakuliert hatte, war sie wieder zu sich gekommen. Da war er in Panik geraten. Er hatte sich ausgemalt, wie sie die Geschichte nicht nur Joachim erzählen, sondern ihn auch bei der Polizei anzeigen würde. Da hatte er ihren Schlüpfer und ihre Strumpfhose gepackt und ihr beides so tief wie möglich in den Rachen geschoben. Er hatte gewartet, bis Melanie sich nicht mehr regte und ihre Leiche dann im Gebüsch versteckt, damit sie nicht allzu schnell gefunden würde.

Noch vor Gericht beklagte sich Militzke darüber, dass Melanie nicht nur seine Freundschaft zu Joachim, sondern auch sein Leben zerstört habe. Joachim Zinser hatte das scheinbar nicht ertragen können. Noch bevor der Staatsanwalt seinen Antrag auf lebenslange Haft stellen konnte, war er von seinem Stuhl im Zuschauerraum aufgesprungen, hatte sich auf seinen ehemals besten Freund gestürzt und ihn mit einem Messer niedergestochen. Obwohl jemand erste Hilfe leisten konnte und in kürzester Zeit ein Notarzt eintraf, verstarb Militzke noch im Gerichtssaal. Der Prozess gegen Joachim Zinser beginnt in Kürze.

16. Kapitel

Tod eines Polizisten

Die Kollegen waren zunächst nur verwundert, dass Ernie Runde sich nach seinem letzten Einsatz noch nicht wieder gemeldet hatte, immerhin war seitdem schon über eine Stunde vergangen.

Ernie war ein so genannter Alleinfahrer, das heißt, er nahm Einsätze allein wahr, ohne Partner. Dafür fuhr er aber auch nur Einsätze, die teilweise sehr zeitraubend und niemals besonders riskant waren. So kümmerte er sich fast ausschließlich um Einbrüche in Kellerräume und Lauben, zum Teil auch um solche in Wohnungen, aber nur, wenn sie nicht gerade stattfanden, sondern erst einige Zeit nach der Tat von den Mietern oder Eigentümern entdeckt worden waren. Brisante oder gar gefährliche Einsätze fuhr er eigentlich nie, weil er eben allein war. Seltene Ausnahme waren Fälle, bei denen er zusammen mit anderen Streifenwagen zu einem Einsatz gerufen wurde.

Ernie gefiel seine Arbeit, nicht zuletzt, weil sie ihn in der Regel vom Schichtdienst freistellte. Seine Einsätze fuhr er nur tagsüber. Zwar kam es vor, dass sich der ein oder andere auch einmal bis in die frühen Abendstunden hineinzog, aber dafür fing er am nächsten Morgen einfach später an. Der 47-Jährige hatte selbst um diesen Job gebeten, als er zum zweiten Mal geheiratet hatte. Er hatte nicht denselben Fehler begehen wollen wie bei seiner ersten Ehe, die letztendlich am Schichtdienst zerbrochen war. Seine zweite Frau, gut 15 Jahre jünger als er, erwartete zudem ihr erstes Kind, und er wollte so viel wie möglich bei ihr sein. Das erste Mal in seinem Polizistenleben fühlte er sich wie ein normaler Arbeitnehmer, der morgens aus dem Haus geht, abends zurückkommt, am Wochenende Zeit hat, mit den Kindern zu spielen – darauf freute er sich besonders –, und der nicht jede Einladung ausschlagen musste, weil sie mit seinem Dienstplan kollidierte. Alles in allem war Ernie Runde daher rundum zufrieden.

Der wachhabende Beamte sah auf die Uhr. Ernie hatte seinen letzten Einsatz eineinhalb Stunden zuvor erhalten und bereits seit einer Stunde Feierabend. Er hätte schon längst auf dem Weg nach Hause sein müssen. Er versuchte noch einmal, ihn über Funk zu erreichen, aber vergeblich. Ernie meldete sich nicht, was sehr ungewöhnlich war. Er meldete sich sonst regelmäßig über Funk. Das erste Mal, wenn er am Einsatzort angekommen war, das zweite Mal, wenn er sich einen Überblick verschafft hatte, und das letzte Mal, wenn er wieder zum Stützpunkt zurückfuhr. Dieses Mal hatte Ernie sich nur gemeldet, als er an der Kleingartenkolonie, seinem letzten Einsatzort, angekommen war. Dort war am frühen Abend ein Einbruch gemeldet worden. Ernie hatte noch gelacht und gemeint, dies sei sein letzter Einsatz und dann sei Feierabend. Er war ein erfahrener und routinierter Polizist. Solch ein Einsatz dauerte bei ihm nicht viel länger als 15 Minuten, dann meldete er sich wieder. An diesem Tag schien es jedoch anders gelaufen zu sein.

Als die Schicht von Rundes Kollegen zu Ende war, hatte sich der Vermisste immer noch nicht gemeldet. Mittlerweile waren drei Stunden vergangen. Der wachhabende Beamte machte sich zwar so seine Gedanken, war aber auch froh, nach Hause zu kommen, und sagte daher lediglich seinem Nachfolger Bescheid, dass Ernie Runde nicht zu erreichen sei. Schließlich rief Ernies Frau Simone bei der Dienststelle an. Sie hatte mit dem Essen auf ihren Mann gewartet, das mittlerweile ganz kalt geworden war. Auch bei ihr hatte Ernie sich nicht gemeldet, sie war in großer Sorge. Das nahm der neue Wachhabende zum Anlass, nach Ernie suchen zu lassen. Auch er kannte ihn als zuverlässigen und pflichtbewussten Beamten.

Die ausgeschickten Kollegen mussten nicht lange suchen. Sie überprüften den letzten Einsatzort des Vermissten und fanden dessen Streifenwagen vor der angegebenen Kleingartenkolonie. Von Ernie fehlte jedoch jede Spur. Erst als die Kollegen einen Rundgang um die Laube machten, in dem der gemeldete Einbruch stattgefunden haben sollte, fanden sie ihn.

Ernie lag auf dem Boden. Um seinen Kopf herum hatte sich eine riesige Blutlache gebildet. Was sie verursacht hatte, war leicht zu erkennen: Ernst-Willi Runde war erschossen worden.

Für Polizisten ist es immer besonders schlimm, wenn einer ihrer Kollegen in der Ausübung seiner Pflicht getötet wird. In einem solchen Fall werden Emotionen freigesetzt, die zwischen Wut und Trauer, Hass und stiller Verzweiflung schwanken. Dabei ist es völlig unerheblich, ob man den Kollegen mochte oder nicht, mit ihm befreundet war oder ihn nicht einmal kannte. Wenn die Stadtflaggen als Tribut an den toten Kollegen auf Halbmast geflaggt und die Antennen der Einsatzfahrzeuge mit schwarzem Trauerflor geschmückt werden, geht das jedem an die Nieren. Zwar geht der Dienst weiter wie üblich, aber jedes Mal scheint es, als sei nicht nur der Tote, sondern auch ein kleines Stück eines jeden seiner Kollegen gestorben. Diesen ruft ein solcher Vorfall immer wieder ins Gedächtnis, wie gefährlich ihr Beruf ist, und dass beim nächsten Mal sie selbst das Opfer sein können.

So erging es auch Wilfried Droysen von der Mordkommission, der den Auftrag bekam, den Fall Ernie Runde so schnell wie möglich aufzuklären und den Polizistenmörder zur Strecke zu bringen. Als er am Tatort eintraf, war es eisig kalt. Es war Spätherbst und wurde bereits früh dunkel, daher wurde der gesamte Bereich um die Kleingartenlaube von der Spurensicherung mit Scheinwerfern ausgeleuchtet. Ein kleiner Fleck in der an sich friedlichen Kleingartenkolonie war damit taghell erleuchtet. Im Zentrum des Lichtkegels lag Ernie Runde. Vom Zugang der Schrebergartenparzelle aus war er nicht zu sehen, denn er lag, wie gesagt, hinter der Laube, im rückwärtigen Teil des Gartens. Dass er durch einen Kopfschuss getötet worden war, war offensichtlich. Um den Leichnam herum wurden von den Kollegen der Spurensicherung Gipsabdrücke von Schuhspuren angefertigt. Es gab nur zwei verschiedene Abdrücke, nämlich die von Ernie Runde, die vom Weg aus um das Häuschen herumführten, und die einer zweiten Person, wahrscheinlich des Mörders. Die Spuren zeigten, dass die zweite Person kleinere Schuhe getragen hatte als der tote Polizist, wahrscheinlich in der Größe 43 oder 44. Zudem war am Profil zu erkennen, dass es sich um Abdrücke von Halbstiefeln handelte.

Es gab um diese Jahreszeit nur wenige Menschen, die ihre Laube in der Hamburger Kleingartensiedlung in Niendorf aufsuchten. Die meisten hatten ihre kleinen Häuschen winterfest gemacht und wollten erst im Frühjahr wiederkommen. Die wenigen Anwesenden hatten nichts mitbekommen. Zwar hatten einige einen Schuss gehört, doch das hatten sie als nichts Ungewöhnliches empfunden. Man befand sich hier im Niendorfer Gehege, in dem zu dieser Jahreszeit auch Kaninchen gejagt wurden. Zudem ballerten hin und wieder Jungendliche mit Knallkörpern herum, und im Allgemeinen konnte ein normaler Bürger einen Schuss auch nicht von der Fehlzündung eines Autos unterscheiden. Zwar hatte einer der Pächter gesehen, wie am frühen Abend eine Person auf dem Grundstück der Parzelle herumgelaufen war, auf der man die Leiche Ernie Rundes gefunden hatte, er hatte das jedoch nicht weiter zur Kenntnis genommen, denn er war davon ausgegangen, dass es sich um den Sohn des Grundstück-Pächters handelte, der hin und wieder kam, um nach dem Rechten zu sehen.

Die schlimmste Aufgabe stand Droysen noch bevor. Er musste Rundes junger Ehefrau Simone die schreckliche Nachricht vom Tod ihres Mannes überbringen. Er nahm auf dem Weg zu ihr eine Kollegin mit, die sich um die Witwe kümmern sollte. Als er am Haus der Rundes ankam, saß ihm ein Kloß im Hals. Sein einziger Trost war, dass er kaum etwas sagen musste. Simone Runde schien ihm die furchtbare Nachricht vom Gesicht abzulesen, denn sowie sie ihn sah, fing sie leise an zu weinen. Droysen konnte nicht mehr tun, als ihr zu sagen, dass ihr Mann nicht gelitten hatte, und dass er möglicherweise auch gar nicht mitbekommen hatte, dass man ihn hatte töten wollen, denn er hatte nicht einmal den Versuch gemacht, seine Waffe zu ziehen; die Lasche, die seine Waffe daran gehindert hatte, aus dem Holster zu fallen, war nicht geöffnet worden.

Private Gründe für einen Mord schloss Droysen aus. Seitdem Runde vor vier Jahren seine jetzige Witwe Simone kennen gelernt hatte, war in seinem Leben alles gut gelaufen, vergessen waren die Streitigkeiten, die seiner Scheidung vorausgegangen waren. Er hatte sich einen neuen Freundeskreis aufgebaut und begonnen, wieder regelmäßig Sport zu treiben. Das Motiv musste im dienstlichen Bereich liegen.

Droysen nahm sich Vorgänge und Akten vor, um die sich Runde zuletzt gekümmert hatte, konnte darin aber keine Hinweise auf Personen finden, die Runde möglicherweise feindselig gesinnt hätten sein können. Lediglich drei Wochen vor seinem Tod war Runde an einer Festnahme beteiligt gewesen, die nach einem Raubüberfall auf eine Spielhalle erfolgt war. Er war mit anderen Streifenwagen gemeinsam am Einsatzort erschienen und hatte einen der Täter stellen können. Dieser hatte zwar Rache geschworen und dem Polizisten gedroht, aber das passierte immer wieder. Fast jeder Straftäter, der mit der Polizei Bekanntschaft macht, stößt wilde Drohungen aus. Aufgrund der derzeitigen Umstände nahm Droysen diesen Ausbruch jedoch ernst. Allerdings musste er bald feststellen, dass diese Spur im Sande verlief, denn der Verhaftete, ein 23-jähriger Ausländer, hatte mit der Straftat, für die er von Ernie festgenommen worden war, gegen seine Bewährung verstoßen und war gleich wieder inhaftiert worden. Seit der Festnahme saß er im Gefängnis.

Überraschendes brachte die Obduktion von Rundes Leiche ans Licht. Der Rechtsmediziner bestätigte, dass Ernie mit einem aufgesetzten Kopfschuss linksseitig getötet worden war. Dies erkannt er an der Stanzmarke, die der Lauf der Tatwaffe auf der Haut hinterlassen hatte, weil sie direkt auf den Körper aufgesetzt worden war. Das Einschussloch war vergleichsweise klein, die Austritteswunde recht groß. Bei seinem Weg durch Ernies Kopf hatte das Geschoss Knochenfragmente und Hirnmasse mitgenommen und so eine riesige Wunde gerissen. Genau genommen konnte man sagen, dass Ernies gesamte rechte Kopfhälfte fehlte. Am erschreckendsten aber war die Tatsache, dass Runde aller Wahrscheinlichkeit nach mit einer Polizeiwaffe getötet worden war. Dies schien darauf hinzudeuten, dass ein Kollege Ernie getötet hatte. Das allerdings konnte Droysen kaum glauben, daher ordnete er eine ballistische Untersuchung von Rundes Dienstwaffe an. Und nach ein paar Tagen war klar, dass Runde mit seiner eigenen Waffe getötet worden war.

Der Rechtsmediziner hatte inzwischen noch mehr gefunden: Runde war vor der Erschießung mit einer stumpfen Waffe bewusstlos geschlagen worden. Das musste bedeuten, dass der Täter keine eigene Waffe bei sich gehabt hatte; er hatte den Polizisten erst einmal außer Gefecht gesetzt, um ihn dann mit seiner eigenen Waffe zu erschießen. Man hatte neben der Leiche einen blutverschmierten Stein gefunden, an dem man Haare und Blut von Ernie sichergestellt hatte. Fingerspuren hatte man daran allerdings nicht gefunden. Wahrscheinlich hatte der Täter Handschuhe getragen, denn auch an der Waffe entdeckte man keine Fingerabdrücke.

Der vermeintliche Einbruch, zu dem Ernie gerufen worden war, war eindeutig fingiert worden. Dafür gab es zahlreiche Indizien, unter anderem hatte man an der betreffenden Laube keine Aufbruchsspuren gefunden. Die Meldung über den Einbruch war um 18.03 Uhr bei Ernies Dienststelle eingegangen. Der Anrufer, der sich als Pächter der Laubenparzelle ausgegeben hatte, allem Anschein nach aber der Mörder gewesen war, hatte seine Laube angeblich aufgebrochen vorgefunden; das konnte Droysen noch einmal ganz deutlich auf dem Band hören, das den Anruf mitgeschnitten hatte. Der Einsatzort lag etwa 15 Minuten von Ernies Dienststelle entfernt. Ernie hatte sich um 18.18 Uhr über Funk abgemeldet, mit dem Hinweis, dass er am Einsatzort eingetroffen sei. Seitdem hatte man nichts mehr von ihm gehört. Der Mörder hatte, das konnte man feststellen, von einer Telefonzelle auf dem Kleingartengelände aus angerufen, anschließend muss er sich sofort zu der betreffenden Parzelle begeben haben, um auf Ernie zu warten. Als dieser dann gekommen war, hat er ihn niedergeschlagen und erschossen. Ernie Runde hatte keine Chance gehabt. Er war von seinem Mörder in eine wohl vorbereitet Falle gelockt worden.

Eine Sache jedoch störte Droysen an der Theorie mit der vermeintlich perfekt ausgetüftelten Falle: Woher hatte der Mörder gewusst, dass Runde den Einbruch überprüfen würde, den er gemeldet hatte? Es hätte sich ja genauso gut eine andere Streifenwagenbesatzung um diese Sache kümmern können. Das Einzige, was Droysen dazu einfiel, war, dass der Mörder es eben nicht gewusst hatte, und daher diesen Trick bereits einige Male zuvor, da aber vergeblich, angewandt hatte.

Droysen ging diesem Gedanken nach, indem er die Tätigkeitsbücher aller Fahrzeuge und Schichten auf Ernies Dienststelle überprüfte. In diesen Büchern wird jeder Einsatz, jede Pause, ja sogar jeder Tankvorgang mit exakter Zeit- und Ortsangabe vermerkt. Zusätzlich werden die Aktenzeichen der jeweiligen Einsätze notiert, so dass man gleich feststellen kann, was aus den einzelnen Vorgängen geworden ist. Droysen begann die Überprüfung der Dokumente einen Monat vor der Ermordung des Kollegen. Auf die erste Auffälligkeit stieß er zwei Wochen vor der Tat. Da wurde eine Streifenwagenbesatzung zu einem Haus gerufen, in das angeblich eingebrochen worden war. Die zum Einsatzort geschickten Beamten stellten bei ihrem Eintreffen jedoch fest, dass das Haus leer stand und bereits halb verfallen war. Ob es aufgebrochen worden war, konnte nicht geklärt werden, da das Haus keine einzige intakte Scheibe mehr aufwies, und auch die Haustür nur noch in den Angeln hing, so dass man sie bereits mit Brettern hatte vernageln müssen. Der Anrufer, der den Einbruch gemeldet hatte, hatte anschließend nichts mehr von sich hören lassen.

Ein anders Mal war ein Einbruch in eine Arztpraxis gemeldet worden, die in einem freistehenden Einzelhaus untergebracht war. Auch dieser Einsatz hatte sich als schlechter Scherz entpuppt, denn der Arzt, der dort praktiziert hatte, war bereits vor längerer Zeit verstorben. Die Praxis hatte leer gestanden und war auch nicht aufgebrochen worden.

Der dritte und letzte Einsatz, zudem Kollegen fälschlicherweise gerufen worden waren, war wenige Tage vor der Ermordung Rundes erfolgt. Ein Streifenwagen war zu einem Laubenaufbruch in Stellingen gerufen worden, und auch hier hatte die Besatzung keine Hinweise auf eine Straftat finden können.

Alle Falschmeldungen waren am frühen Abend bei Rundes Dienststelle eingegangen, und die Einsatzorte hatten stets an Stellen gelegen, von denen ein Täter schnell hätte verschwinden können. Droysen war sich sicher, dass hinter allen Meldungen Ernies Mörder steckte. Er hatte offenbar genau gewusst, welche Aufgaben der Beamte wahrzunehmen hatte, und nur darauf warten müssen, dass er in eine seiner Fallen tappte. Es war reiner Zufall, dass Ernie die anderen Einsätze nicht gefahren hatte. Er war zu den jeweiligen Zeitpunkten anderweitig beschäftigt gewesen.

Die ermittelten Fakten belegten, dass der Täter ein Insider war, oder zumindest wusste, wie der Aufgabenbereich und die Dienstzeiten von Ernie Runde ausgesehen hatten. Droysen konnte daher immer noch nicht ausschließen, dass es sich bei dem Täter um einen Polizisten handelte.

Er sprach darum mit Rundes Dienststellenleiter, konnte dabei aber keine hilfreichen Erkenntnisse gewinnen. Von einem Streit unter Kollegen war dem Leiter nichts bekannt. Die meisten Polizisten, mit denen Ernie zusammengearbeitet hatte, hatte dieser schon seit Jahren gekannt. Viele von ihnen waren jünger als er und hatten ihn für seine Erfahrung bewundert und sich oft Rat von ihm geholt. Ernie war niemandem auf die Füße getreten und hatte auch keinem Kollegen eine Planstelle weggeschnappt.

Droysen kam mit seinen Ermittlungen nicht weiter und suchte daher noch einmal Rundes Witwe auf. Möglicherweise hatte Ernie ihr gegenüber eventuelle Probleme oder berufliche Schwierigkeiten erwähnt. Simone Runde war blass und hatte dunkle Ringe unter den Augen. Droysen befürchtete, dass sie eine Fehlgeburt erleiden könne, aber sie versicherte ihm, dass es ihr gut gehe. Ihr Kind werde, wenn alles glatt verlaufe, in zwei Monaten zur Welt kommen. Mit ihm habe sie dann etwas, das Ernie für sie weiterleben lasse. Nachdem Simone Runde sich ihre Sorgen ein wenig vom Leib geredet hatte, fragte Droysen sie, ob sie wisse, dass ihr Mann Probleme mit Kollegen oder Vorgesetzten gehabt habe oder ob er bedroht worden sei. Simone Runde war sich ganz sicher, dass dem nicht so gewesen war. Die meisten Kollegen kannte sie, und sie war überzeugt davon, dass niemand von ihnen in den Mord an Ernie verwickelt war. Droysen erklärte ihr daraufhin, dass der Täter auf jeden Fall jemand sein musste, der über Ernies Arbeit im Bilde war. Wenn es kein Polizist war, musste es zumindest jemand sein, der Ernie gut gekannt hatte. Simone Runde wirkte zwar gefasst, aber Droysen spürte eine Verzweiflung in ihr, die weit über ihre Trauer hinauszugehen schien. Er hatte das Gefühl, dass es etwas gab, das sie ihm verschwieg. Doch so geschickt er sich auch anstellte, er bekam nichts aus ihr heraus.

Noch während Droysen bei ihr war, kam allerdings Besuch bei Simone Runde vorbei. Der Mann hieß Johannes Walm und wurde von Simone als guter Freund vorgestellt. Sie schien jedoch ein wenig unsicher in seiner Gegenwart. Droysen wusste ihr Verhalten nicht genau einzuordnen, spürte aber, dass Simone innerlich mit sich kämpfte. Nichtsdestotrotz ließ er sie mit ihrem Besuch allein.

Am nächsten Tag erschien Simone bei Droysen auf der Dienststelle. Es war offensichtlich, dass sie ihm etwas sagen wollte, doch anzufangen fiel ihr schwer. Sie druckste zunächst ein wenig herum und brach schließlich in Tränen aus. Dann gestand sie, dass sie befürchte, selbst für den Tod ihres Mannes verantwortlich zu sein. Johannes Walm sei ein alter Freund von ihr und er sei schon seit Jahren in sie verliebt. Sie habe das immer gewusst, habe sich allerdings nie etwas aus ihm gemacht, und ihm das auch unmissverständlich klar gemacht. Walm hatte sich dennoch vor Jahren von seiner Verlobten getrennt, weil, wie er erklärt hatte, er nicht mit einer Frau zusammen sein könne, wenn er tatsächlich eine andere liebe. Simone hatte das geschmeichelt, mehr jedoch nicht. Sie hatte nicht gedacht, dass je etwas zwischen ihnen sein könne. Aber genau das war eingetreten. Vor etwas mehr als sieben Monaten hatte sie mit Walm auf einer Party, zu der sie ohne ihren Mann gegangen war, sexuellen Kontakt gehabt. Sie war darüber im Nachhinein furchtbar entsetzt gewesen und konnte ihren Seitensprung nur damit begründen, dass sie angetrunken gewesen war und Trost gesucht hatte. Sie hatte sich kurz zuvor mit Ernie gestritten, was in ihrer Ehe bis dahin noch nie vorgekommen war, und war zutiefst verunsichert gewesen. Gleich am nächsten Tag hatte sie jedoch mit Johannes gesprochen und ihm klar gemacht, dass sie den

Seitensprung mit ihm als Fehler betrachte, den sie furchtbar bereue, und der ihr auch nichts bedeute. Zusätzlich hatte sie ihn gebeten, ihrem Mann nichts davon zu erzählen. Walm hatte sich daraufhin sehr rücksichtsvoll verhalten; er hatte sie lediglich geküsst und gesagt, dass er durch die gemeinsame Nacht mit ihr schon mehr erhalten habe, als er sich jemand zu träumen gewagt habe. Zwar war Simone unangenehm berührt gewesen, aber Walm hatte glücklicherweise nicht mehr versucht, sich ihr zu nähern. In der Folgezeit hatte Simone versucht, den Kontakt zu Walm ein wenig einzuschränken, was ihr jedoch nicht recht gelungen war. Als sie erfahren hatte, dass sie schwanger war, hatte sie Angst bekommen. Sie und Ernie hatten sich zwar immer Kinder gewünscht, aber nun hatte sie nicht mehr sicher sein können, ob er tatsächlich der Vater des Kindes war. Als Walm von dem Kind erfahren hatte, hatte er sich hingegen gefreut, weil er überzeugt gewesen war, dass er der Vater war. Immer wieder hatte er Simone bedrängt, Ernie zu verlassen, was sie regelmäßig abgelehnt hatte. Schließlich hatte Walm ihr gedroht, Ernie von ihrem Seitensprung zu erzählen, wenn sie nicht zu ihm käme. Davon hatte sie ihn nur abbringen können, indem sie ihm erklärt hatte, dass sie in einem solchen Fall nichts mehr von ihm würde wissen wollen. Droysen fragte Simone, warum sie sich ihrem Mann nicht anvertraut habe. Daraufhin begann sie zu weinen und erklärte, dass sie Angst gehabt habe, ihn zu verlieren, und ihm nicht habe wehtun wollen. Sie hatte geglaubt, alles allein regeln zu können. Doch das war ihr scheinbar nicht gelungen. Wenige Wochen vor der Tat war Walm zu ihr gekommen und hatte gesagt, dass bald alles gut sein werde. Susanne hatte das nicht einordnen können, sich aber auch nicht weiter darum gekümmert. Nun befürchtete sie allerdings, dass Walm Ernie getötet hatte, zumal dieser aus zahlreichen Gesprächen mit Ernie dessen Arbeits- und Dienstplan genau kannte.

Droysen sympathisierte mit Simones Verdacht, er wusste jedoch, dass er Schwierigkeiten haben würde, Walm die Tat zu beweisen. Bisher lagen keine Verdachtsmomente gegen ihn vor. Droysen sah nur eine Möglichkeit: Er musste vorgeben, dass er zu Lösung des Falls Walms Hilfe benötigte, und hoffen, dass dieser sich dabei verriet.

Mit diesem Plan im Hinterkopf, suchte er Walm auf. Ganz unvermittelt fragte er diesen nach seinem Alibi im Fall Runde; er milderte die Schärfe seiner Frage allerdings leicht ab, indem er betonte, dass es sich nur um eine Routinefrage handele, die er jedem stelle, der Ernie gekannt habe. Walm gab sich sehr verständnisvoll. Er erklärte, einen Film im Fernsehen gesehen zu haben, der ihn sehr gefesselt habe. Er nannte Droysen sogar den Titel. Allerdings, so stellte Walm bedauernd fest, habe er dafür keine Zeugen; er sei allein gewesen. Droysen fragte ihn daraufhin, wie gut er Ernie gekannt hatte. Walm schien kurz zu überlegen. Seine nachfolgende Antwort war: Kaum. Er habe Runde nur durch Simone gekannt, die er im Übrigen sehr verehrte, ansonsten wisse er fast nichts über ihn, geschweige denn über seine Arbeit. Das war, wie Droysen wusste, eine Lüge, aber das konnte er zu diesem Zeitpunkt natürlich nicht laut äußern.

Als Droysen am nächsten Tag sicher war, dass Walm arbeitete und nicht in seiner Wohnung war, fuhr er erneut zu dem Mehrfamilienhaus, in dem Walm wohnte, und befragte die dortigen Hausbewohner. Er wollte herausfinden, ob jemand etwas zu seiner An- oder Abwesenheit am Tatabend sowie an den Tagen, als die fingierten Einsätzen bei Rundes Dienststelle eingegangen waren, sagen konnte. Und er hatte Glück: Eine Nachbarin wusste genau, dass Walm am Mordabend nicht zu Hause gewesen war. Ihr war nämlich an diesem Abend die Milch ausgegangen, und sie hatte beim ihm geklingelt, um sich von ihm etwas zu borgen, doch er hatte nicht aufgemacht. In seiner Wohnung war es zudem sehr still gewesen, im Allgemeinen konnte man im Hausflur nämlich hören, wenn jemand in seiner Wohnung herumlief; die Wände in diesem Haus waren reichlich dünn. Später hatte die Nachbarin daher auch gehört, wie Walm nach Hause gekommen war. Darüber hinaus wusste sie, die offenbar gerne auf den Hausflur horchte, zu sagen, dass Walm in letzter Zeit, entgegen seiner sonstigen Gewohnheiten, häufig recht spät nach Hause gekommen war, wahrscheinlich weil er, wie sie vermutete, eine Freundin hatte.

Spätestens jetzt war klar, dass Walm Droysen auch im Hinblick auf sein Alibi angelogen hatte. Der Beamte wollte jedoch auf Nummer Sicher gehen und fragte die Nachbarin daher noch nach dem Film, den Walm zur Tatzeit gesehen haben wollte. Auch hierzu wusste die Dame reichlich Interessantes zu sagen. Sie hatte den Film nämlich auch sehen wollen, war jedoch nur bis zum Vorspann gekommen, weil der verdammte Kabelanschluss mal wieder gestreikt hatte und erst im Laufe des späteren Abends wieder ein ordentliches Bild auf den Schirm gekommen war. Das war auch bei den anderen Hausbewohnern der Fall gewesen, wie sie am nächsten Tag bei einem Gespräch mit ihren Nachbarn hatte feststellen können.

Droysen ging diesem Hinweis nach und konnte ihn tatsächlich in Gesprächen mit anderen Hausbewohnern bestätigen. Es schien somit offensichtlich, dass Walm sich sein Alibi in der Fernsehzeitung gesucht hatte.

Wieder auf seiner Dienststelle angelangt, beriet sich Droysen mit einem Kollegen. Anschließend rief er bei Simone Runde an. Er fragte sie, ob sie an diesem Tag Kontakt mit Walm gehabt habe, und als sie verneinte, weihte er sie in den mit dem Kollegen gefassten Plan ein. Am späten Nachmittag, zu einer Zeit zu der Walm in jedem Fall zu Hause sein musste, fuhr Droysen dann mit seinem Kollegen abermals zu dem Verdächtigen.

Walm war wieder sehr zuvorkommend, aber als er die ernsten Gesichter der beiden Beamten sah, schien ihm klar zu sein, dass etwas passiert sein musste. Nachdem Droysen erklärt hatte, dass er ihm eine schlimme Nachricht zu überbringen habe, bat er die Polizisten in seine Wohnung. Walm wirkte plötzlich sehr aufgeregt. Er nahm sich nicht einmal die Zeit, den Beamten einen Platz anzubieten, und bat noch im Wohnungsflur um Aufklärung. Droysen erklärte ihm daraufhin mit Grabesmiene, dass Simone im Laufe des Tages eine Totgeburt erlitten habe und es zur Stunde noch fraglich sei, ob sie selbst die Anstrengung überleben werde. Droysen hatte gehofft, dass die Nachricht etwas in Walm auslösen würde, dass die Reaktion allerdings so stark ausfallen würde, wie sie es schließlich tat, hatte er nicht vermutet. Walm brach innerlich völlig zusammen. Nach der ersten Schrecksekunde verlangte er sofort, Simone zu sehen. Droysen machte ihm klar, dass dies nicht möglich sei, er fügte allerdings sofort hinzu, dass er sich gerne noch einmal mit ihm über den Mordabend unterhalten würde. Walm wirkte vollkommen abwesend, als er gefragt wurde, was zur fraglichen Zeit tatsächlich gemacht hatte. Er reagierte gar nicht auf die Frage, sondern sprang urplötzlich mit wutverzerrtem Gesicht auf und rief laut aus, dass er es Simone heimzahlen werde, dass sie sein Kind umgebracht habe, um ihn zu bestrafen, und dass er sich das nicht gefallen lassen würde. Die beiden Beamten konnten ihn nur mit Mühe beruhigen. Schließlich entspannte Walm sich ein wenig und begann zu weinen. Er habe alles getan, um mit Simone glücklich werden zu können, jammert er, verstummte daraufhin jedoch sofort wieder. Droysen fragte daher behutsam nach, was Walm damit meine, und da endlich begann der Mann zu erzählen.

Er gestand, wie sehr er schon seit Jahren in Simone verliebt war, dass er seine ehemalige Verlobte für sie verlassen hatte und dass er immer gehofft hatte, dass Simone sich eines Tages für ihn entscheiden würde. Schließlich hatte sie jedoch diesen Polizisten kennen gelernt und ihn sogar geheiratet. Trotzdem hatte er nicht aufgegeben. Nach wie vor war er für Simone da gewesen, wenn sie Trost oder einen Freund gebraucht hatte. Als sie sich vor ein paar Monaten aufs Heftigste mit ihrem Mann gestritten hatte, hatte er seine Chance gesehen. Auf einer Party hatte er sich ihrer Sorgen verständnisvoll angenommen. Irgendwann war sie dann leicht angeheitert gewesen, und es war zu einer intimen Begegnung zwischen Simone und ihm gekommen. Walm hatte im siebten Himmel geschwebt, bis Simone ihm am nächsten Tag erklärt hatte, dass alles ein schrecklicher Irrtum gewesen sei und sie das Ganze lieber vergessen wolle. Er war am Boden zerstört gewesen, hatte sich aber nichts anmerken lassen. Nach und nach war es ihm gelungen, die gemeinsame Nacht als eine erste zarte Annäherung zu begreifen, so dass er nach einigen Tagen der Verzweiflung wieder Mut geschöpft hatte. Als er dann erfahren hatte, dass Simone schwanger war, hatte er gewusst, dass das Kind nur von ihm sein konnte. Simone hatte sich seitdem jedoch nur immer weiter von ihm distanziert. Das hatte er nicht verstehen können, und in seiner Verzweiflung hatte er ihr gedroht, Ernie von ihrem Seitensprung zu erzählen. Ihre vernichtende Reaktion darauf hatte ihn aus der Bahn geworfen. In den nächsten Monaten hatte er zwischen Wut und Verzweiflung hin- und hergeschwankt, bis er endlich seinen einzigen Ausweg erkannt hatte. Wenn Ernst-Willi Runde tot sei, dachte er, dann müsse Simone zu ihm kommen. Immerhin war es ja sein Kind, das sie unter dem Herzen trug.

Walm hatte daraufhin begonnen, relativ einsam gelegene Orte zu suchen, die er gut erreichen und vor allem unerkannt wieder verlassen konnte. Aus Gesprächen mit Runde hatte er nämlich erfahren, was für eine Art Dienst dieser verrichtete, und es war für ihn ein Leichtes gewesen, diese Kenntnis auszunutzen. Drei Mal hatte er bei Rundes Dienststelle angerufen und Einbrüche gemeldet, die nie stattgefunden hatten. Aber jedes Mal waren andere Beamte vor Ort erschienen. Erst bei seinem letzten Versuch in der Kleingartenkolonie war ihm Runde ins Netz gegangen. Walm hatte ihn mit lauten Rufen in den rückwärtigen Teil des Gartens gelockt und dort sofort niedergeschlagen. Er hatte dem Bewusstlosen die Waffe abgenommen, sie ihm an den Kopf gesetzt und abgedrückt. Anschließend hatte er die Waffe wieder in ihr Holster zurückgesteckt.

Walm war überzeugt gewesen, dass der Weg für ihn und Simone nun frei sei. Allerdings hatte er rasch merken müssen, dass Simone ihn nur noch verabscheute.

Bis zum Beginn seines Verfahrens widerrief Walm dieses Geständnis immer wieder. Einmal beschuldigte er sogar Simone Runde, ihn zum Mord an ihren Mann angestiftet zu haben. Doch seine Beteuerungen und Ausflüchte nützten ihm nichts. Er wurde zu lebenslanger Freiheitsstrafe verurteilt. Noch immer schreibt er Simone glühende Liebesbriefe aus dem Gefängnis und schwärmt von der Zeit, da sie alle drei, er, Simone und das Kind, vereint sein werden. Simone hat inzwischen einem gesunden Jungen das Leben geschenkt. Ein DNA-Test hat bewiesen, dass Ernst-Willi Runde der Vater ist. Rundes Dienststelle hat die Patenschaft für das Kind übernommen; alle ehemaligen Kollegen kümmern sich rührend um Simone und ihren Sohn.

Schlusswort

Vor einigen Monaten sah ich einen TV-Beitrag, in dem es um die Aufklärung eines Mordes ging. Darin wurde beschrieben, wie ein Kriminaltechniker mithilfe einer Abfalltüte einen Mörder überführte. Die Ermittler konnten nachweisen, von welcher Rolle der entsprechende Beutel abgerissen worden war, und dass sich eben diese Rolle im Besitz des Mörders befand. Seit einiger Zeit gibt es zudem ein Verfahren, bei dem sich Fingerabdrücke mit modernster Lasertechnik nachweisen lassen.

In manchen Fällen hinterlässt ein Täter trotz allem so gut wie keine Spuren, und auch, wenn es für die Strafverfolgungsbehörden frustrierend ist, die Wissenschaft betrachtet dies als Herausforderung. Es werden neue Verfahren entwickelt oder neue Tests eingeführt.

Selbstverständlich sollte man sich nicht nur auf die Wissenschaft verlassen oder gar eine Ermittlung auf den Einsatz neuester Methoden reduzieren, aber ohne all diese Hilfsmittel wären heute viele Straftaten ungesühnt.

Immer wieder kann man, vor allem bei spektakulären Fällen, in der Presse lesen, dass es bei der Fahndung nach einem Mörder zu Pannen gekommen und dass es allein einer Fehleinschätzung der Ermittlungsbehörden zu verdanken sei, dass ein Mensch zu

Tode gekommen sei. Das mag im Einzelfall zwar richtig sein, aber man sollte nie vergessen, dass es sich bei den jeweiligen Ermittlern um Menschen handelt und nicht um Maschinen. Und Menschen machen Fehler.

Was aber ist mit den Erfolgen der Staatsanwaltschaft und ihrer Helfer, der Polizisten? Diese setzt jeder von uns als selbstverständlich voraus, schließlich, so argumentieren wir, werden die Erfolgsträger ja von unseren Steuern bezahlt. Aber wer kann übersehen, wie viel Druck und Frustration manchmal hinter den schwer erkämpften Erfolgen stecken? Wer verschwendet einen Gedanken an einen Kriminaltechniker, wenn er mit einer einzelnen, mikroskopisch kleinen Stofffaser einen Täter überführt? Sind die gezahlten Steuern dann nicht gerechtfertigt?

Mir wurde einmal vorgeworfen, ich würde Menschen mit meinen Büchern überhaupt erst zu Straftaten anregen. Ich sehe das jedoch anders: Wenn es mir gelingen sollte, auch nur einen Menschen dazu zu bringen, etwa von einem geplanten Versicherungsbetrug Abstand zu nehmen, dann verbuche ich das als einen Gewinn.

Ein befreundeter Psychologe erklärte mir einmal vor ein paar Jahren, dass jeder Mensch unter gewissen Voraussetzungen zu einem Mord fähig sei. Ich fand das damals empörend, zumal ich mich zu jenen Durchschnittsmenschen zählte, denen auch nur die kleinste Handlung gegen die Menschlichkeit eine Beleidigung ist. Heute sehe ich das anders. Aber wenn es nur einen potenziellen Mörder gibt, der aus Angst vor der Wissenschaft kein Tötungsdelikt begeht, dann gibt es mindestens einen Menschen, der am Leben bleibt.

»Prävention« ist im Bereich der Kriminalität in den letzten Jahren zu einem wichtigen Begriff geworden. Spezielle Rehabilitationsprogramme sollen Jugendliche, die einmal auf die schiefe Bahn geraten sind, wieder auf den rechten Weg zurückführen. Durch den offenen Vollzug soll es Häftlingen leichter gemacht werden, sich im freien Alltag zu bewähren, ohne Straftaten zu begehen. Polizeibeamte besuchen unermüdlich Schulen, um über die Gefahren des Drogenmissbrauchs aufklären zu können. Man könnte diese Liste beliebig fortsetzen, aber meines Erachtens setzt Prävention bei jedem Einzelnen ein. Jeder sollte sich ein wenig in die Pflicht genommen sehen, nicht nur für sich selbst, sondern auch für andere Verantwortung zu übernehmen.

Polizei und Wissenschaft vermögen viel auszurichten, aber ohne die Aufmerksamkeit und die Anteilnahme von Verwandten und Nachbarn, von Lehrern und Kindergärtnerinnen, kurz von jedem von uns, ist Prävention nicht möglich.

Schauen Sie daher hin und nicht weg!

Literatur

o. A.: *Besuch beim BKA-Lackarchiv.* http://www.autojournal.de/report/lacarc.htm

o. A.: »Die Spur von Vergewaltigern«. Die Welt, 26. Mai 2005, S. 11

Bass, Bill; Jefferson, Jon: *Der Knochenleser.* München 2004

Brodersen, Kilian; Anslinger, Katja; Rolf, Burkhard: *DNA-Analyse und Strafverfahren*. München 2003

Bundeskriminalamt Wiesbaden. *Profil: Fingerabdrucksammlung*. http://www.bundeskriminalamt.de/profil/profil5.html

Christiansen, Ingolf; Fromm, Rainer; Zinser, Hartmut: *Brennpunkt Esoterik*. Freie und Hansestadt Hamburg, Behörde für Inneres. http://fhh.hamburg.de/stadt/Aktuell/behoerden/inneres/arbeitsgruppe-scientology/veroeffentlichungen/neue-gemeinschaften/esoterik-pdf,property=source.pdf

Cicha, Jörg: *Die Ermittlung von Brandursachen*. Boorberg 2004

Douglas, John; Olshaker, Mark: *Die Seele des Mörders*. München 1998

Fink, Peter: *Immer wieder töten*. Hilden 2000

Harbort, Stephan: *Das Hannibal-Syndrom*. Leipzig2001

Innes, Brian: *Leichen sagen aus*. Rastatt 2001

Kaye, Brian H.: *Kriminaltechnik*. Hamburg 2004

Keller, Christoph; Hülsmann, Ulrich: *Der genetische Fingerabdruck*. Heidelberg 2002

Musolff, Cornlia; Hoffmann, Jens: *Täterprofile bei Gewaltverbrechen*. Heidelberg 2002

Nedopil, Norbert; Krupinski, Martin: *Forensische Psychiatrie*. Stuttgart 2000

Pfeiffer, Hans: *Der Zwang zur Serie*. Leipzig 1997

Rückert, Sabine: *Tote haben keine Lobby*. München 2002

Weihman, Robert: *Kriminalistik*. Hilden 2004

Zirk, Wolfgang; Vordermaier, Gottfried: *Kriminaltechnik und Spurenkunde*. Stuttgart 1998